Isabella Lauer

Meine Katze

KOSMOS

Katzen sind Lebenskünstler. Sie fühlen sich in Sibirien so wohl wie in der libyschen Wüste. Die riesigen Wälder Kanadas schrecken sie so wenig wie die kalte Hochebene Tibets. Katzen sind überall zu Hause und können auch ohne die Hilfe von uns Menschen überleben. Und doch bleiben sie freiwillig bei uns, und das nicht nur, weil wir sie füttern, sondern auch, weil sie unsere Zärtlichkeiten lieben.

Rund um die Katze

Das unergründliche Wesen der Katze

Interessant und sehr charmant

Von wegen Einzelgänger: Katzen sind keinesfalls auf eine bestimmte Lebensform festgelegt. Das Einzelgängerdasein bevorzugen sie nur, solange ihr Lebensraum weitläufig und mäusereich ist, wie etwa im Wald oder in ausgedehnter Gartenlandschaft. Konzentriert sich die Nahrung auf ganz bestimmte Futterstellen, beispielsweise auf einen Fischerhafen oder einen Bauernhof, dann treibt es die Katzen zur Gruppe zusammen. Zwangsläufig entwickelt sich eine Form von Miteinander. Dieses jedoch entzieht sich häufig jeder Logik und Regel.

Die Vielfalt an kätzischem Sozialleben irritiert und fasziniert Forscher gleichermaßen. Kaum eine ihrer Beobachtungen gleicht einer anderen. Italienische Hinterhofkatzen, untersucht von Eugenia Natoli, sind friedlich. Die Bauernhofkatzen, die der Brite David McDonald studiert hat, kämpfen miteinander und mit dem Tod. Die Wissenschaftler fanden bei Katzen Gruppenstrukturen, vom beinahe hündisch organisierten Rudel mit Führer und Untergebenen bis hin zum lockeren Kontakt, bei dem nicht einmal ersichtlich ist, ob eine Katze die andere mag.

Menschen rätseln, was es zu bedeuten hat, wenn sich die Kater der Nachbarschaft treffen, in respekt-

Das Unergründliche der Katzen fasziniert uns seit jeher.

vollem Abstand zusammensitzen, aber aneinander vorbeisehen, ohne irgend etwas miteinander zu unternehmen. Der deutsche Katzenprofessor Dr. Paul Leyhausen nannte dies die „Bruderschaft der Kater". Es gibt aber auch eine „Schwesternschaft der Kätzinnen", mit dem Unterschied, daß die Weibchen etwas machen: Sie ziehen manchmal gemeinsam ihre Jungen groß. Sie bringen es sogar fertig und werfen gleichzeitig.

Von Ägypten aus die Welt erobert

Dazu gehört eine Menge instinktiver Gewitztheit, die vermutlich schon die alten Ägypter faszinierte. Historiker gehen heute davon aus, daß Katzen sich dort zum erstenmal dem Menschen angeschlossen haben. Wie freiwillig dies geschehen ist, läßt sich heute nur noch schwer beurteilen. Es ist möglich, daß Wildkatzen vom Typ der nubischen oder libyschen Falbkatze immer näher an die Häuser der Menschen herangeschlichen kamen, bis sie deren Heim in Besitz nahmen. Ein Wildtier, das zur Tür hereinspaziert, um sich künftig verwöhnen zu lassen – das wäre auch heute eine Sensation. Da wundert es nicht, daß man göttliches Geschick

Göttin und Satan – Katzen wurden verehrt und verteufelt.

dahinter vermutete. Ob es tatsächlich so gewesen ist – man weiß es bis heute nicht. Diese Erklärung bietet sich jedoch an, da es noch heute Falbkatzen in den Wüstenregionen Ägyptens gibt, die wenig Scheu vor Menschen haben. Wahrscheinlicher ist, daß die alten Ägypter verwaiste

Faszination Katze: das Tier mit dem 6. Sinn

Zurechtfinden trotz Dunkelheit

Wenn Menschen längst nichts mehr erkennen können, finden sich Katzen noch immer zurecht. Ihren Augen genügt ein kleines bißchen Licht, ein Lämpchen in der Ferne, um den Strahl zu bündeln und so zu verstärken, daß für eine nächtliche Streunermieze Konturen und Bewegungen sichtbar werden, die einem Menschenauge verborgen bleiben. Im völlig lichtlosen Raum sehen jedoch auch Katzen nichts mehr. Und dennoch finden sie sich mit Hilfe ihres scharfen Gehörs und ihres erstaunlichen Orientierungssinnes in der Dunkelheit zurecht.

Ihr Tastsinn kommt uns Menschen beinahe vor wie ein Radarsystem. Niemals würde eine Katze einfach platt gegen die Wand laufen. Das demonstrieren blinde Katzen sehr eindrucksvoll. Die Schnurrhaare und die empfindlichen Pfoten dienen ihnen dabei als Sensoren, die kleinste Erschütterungen oder sogar schon einen veränderten Luftdruck spüren.

Hören im höchsten Bereich

Katzen können drei- bis fünfmal so hohe Töne wahrnehmen wie Menschen. Das Gepiepse einer Maus liegt schon in einem Hörbereich, der den meisten Menschen verborgen ist. Für Katzen klingt es wie Musik in den Ohren. Außerdem können Katzen ihre Ohrmuscheln in alle Richtungen bewegen und damit die Herkunft eines Geräusches genau lokalisieren.

Aber Katzen hören nicht nur gut, sie können sich auch Geräusche und die Richtungen, aus denen sie kommen, sehr gut einprägen. In einem Umkreis von 5 Kilometern finden sie immer wieder nach Hause, oft auch von viel weiter entfernt. Wie sie das schaffen, weiß man nicht. Ähnlich unheimlich wirkt es, wenn Katzen Erdbeben oder andere Katastrophen vorhersehen. Katzen haben eine Empfindsamkeit, die auf mehr als nur fünf Sinne zurückgehen muß, und sie scheinen sich nie zu täuschen.

Zum Beispiel beim Sprung auf die Beute: Katzen bestimmen den Abstand zur Maus exakt. Eine Katze, die danebenspringt, müßte schon ein echter Tolpatsch sein. In der Natur würde sie verhungern, denn die Beute wartet nicht, und für eine Hetzjagd ist die Katze nicht geschaffen.

Geheimnisvoll leuchten die Augen aus dem schwarz-glänzenden Katzengesicht.

Wildkätzchen großzogen, die anhänglich waren und gleichzeitig unabhängig blieben. Eine solche Mischung mußte die Menschen verwirren, mußte bei ihnen Liebe und Respekt hervorrufen. Ein kleines bißchen Fehlverhalten von seiten ihres Menschen – und schon zog sich dieses Tier scheinbar beleidigt zurück. Genauso stellten sich die Menschen damals die Götter vor: Man mußte sie ständig besänftigen, mit Samthandschuhen anfassen und durfte ihnen ja nicht zu nahe treten. Wer dies erfüllte, den belohnten sie mit ihrer Gunst, Zuneigung und mit Wohltaten. Kein Wunder, daß die Katze als göttlich angesehen wurde. Denn manchmal verhält sie sich tatsächlich wie eine launische Diva, und täte sie es nicht, würde vielen Katzenhaltern etwas fehlen. Denn manche Katzen spiegeln ihrem Halter so unerbittlich sein Fehlverhalten, daß er ohne derartige Korrektur seines Lebens gar nicht mehr auskommen möchte.

Katzenliebe oder -kult?

Es ist aus heutiger Sicht schwer zu entscheiden, ob die Menschen im alten Ägypten tatsächlich die Katzen so sehr liebten oder ob diesem Kult um das Tier mehr die Furcht vor göttlichem Zorn zugrunde lag. Historiker zumindest warnen davor, die altägyptische Verehrung der Katze mit heutigen Schmusetiermaßstäben zu messen. Denn diese große Liebe zur Katze verschwand mit dem Niedergang der Bastet-Verehrung.

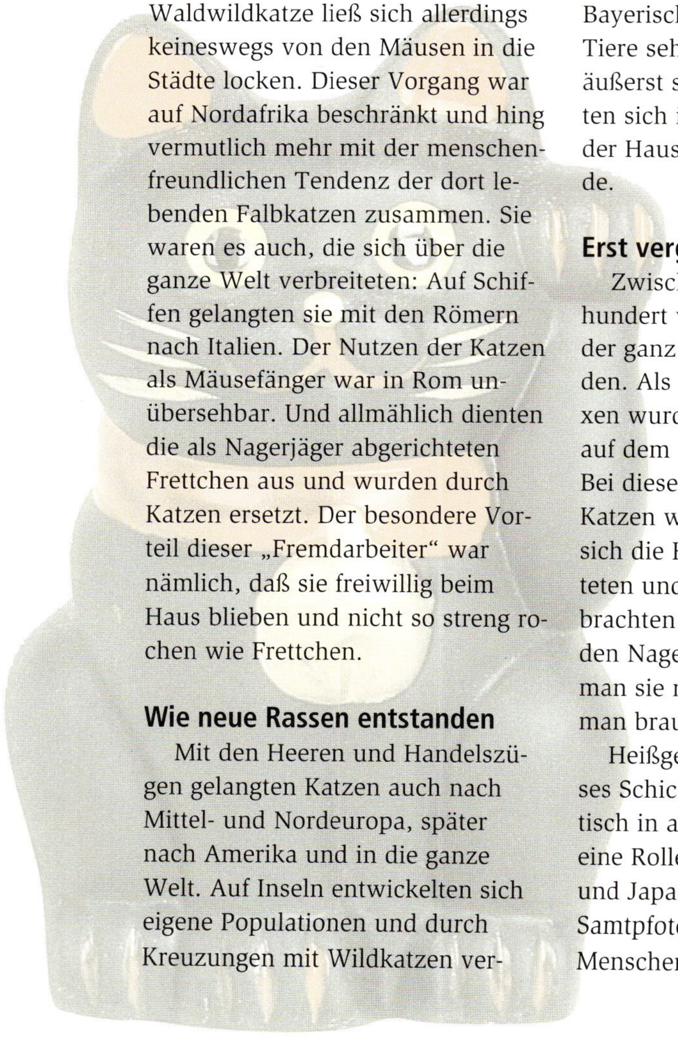

Manche Wissenschaftler vermuten, daß es der Mäusereichtum der Kornkammern war, der die Katzen in die Nähe der Menschen trieb. In Ägypten hat dies vermutlich eine Rolle gespielt. Die Europäische Waldwildkatze ließ sich allerdings keineswegs von den Mäusen in die Städte locken. Dieser Vorgang war auf Nordafrika beschränkt und hing vermutlich mehr mit der menschenfreundlichen Tendenz der dort lebenden Falbkatzen zusammen. Sie waren es auch, die sich über die ganze Welt verbreiteten: Auf Schiffen gelangten sie mit den Römern nach Italien. Der Nutzen der Katzen als Mäusefänger war in Rom unübersehbar. Und allmählich dienten die als Nagerjäger abgerichteten Frettchen aus und wurden durch Katzen ersetzt. Der besondere Vorteil dieser „Fremdarbeiter" war nämlich, daß sie freiwillig beim Haus blieben und nicht so streng rochen wie Frettchen.

Wie neue Rassen entstanden

Mit den Heeren und Handelszügen gelangten Katzen auch nach Mittel- und Nordeuropa, später nach Amerika und in die ganze Welt. Auf Inseln entwickelten sich eigene Populationen und durch Kreuzungen mit Wildkatzen verschiedene neue Rassen. Die Europäische Waldwildkatze paarte sich gelegentlich, aber vermutlich nicht besonders häufig mit den Einwanderkatzen. Beobachtungen an einer Waldwildkatzenpopulation im Bayerischen Wald zeigen, daß die Tiere sehr zurückgezogen leben und äußerst scheu sind. So überschnitten sich ihre Streifgebiete mit denen der Hauskatzen höchstens am Rande.

Erst vergöttert, dann verteufelt

Zwischen dem 16. und 18. Jahrhundert wären Katzen beinahe wieder ganz aus Europa verschwunden. Als Lieblinge angeblicher Hexen wurden Millionen von ihnen auf dem Scheiterhaufen verbrannt. Bei dieser Massenvernichtung der Katzen war es kein Wunder, daß sich die Ratten massenhaft verbreiteten und die Pest nach Europa brachten. So haben es die Katzen den Nagetieren zu verdanken, daß man sie nicht ausgerottet hat, denn man brauchte sie als Rattenfänger.

Heißgeliebt und verteufelt – dieses Schicksal hatte die Katze praktisch in allen Kulturen, in denen sie eine Rolle spielte, etwa in China und Japan. Zu jeder Zeit lösten die Samtpfoten heftige Gefühle in den Menschen aus.

Katzen haben den Dreh raus!

Fällt ein Beil nach unten, landet es mit der dicken, schweren Seite. Beim Fallen kommt das dicke Ende nämlich zuerst. Kinder lernen das schon in der Schule. Aber Katzen haben den Trick raus, die Fallgesetze außer Kraft zu setzen. Bei ihnen kommt das dicke Ende sprichwörtlich zum Schluß. Sie landen auf den Pfoten, auch wenn sie zunächst mit dem Körper nach unten in die Tiefe sausen. Auf die Erde prallen sie nicht mit dem Rücken, sondern federn sich mit den Beinen ab. Dieses Kunststück fasziniert seit Jahrtausenden die Menschen, die der Katze nicht zuletzt deshalb die „neun Leben" angedichtet haben: Normalerweise würde ein Sturz aus ein paar Metern Höhe den sicheren Tod bedeuten. Wie die Katzen diese Umdrehung um die eigene Achse schaffen, hat man mit Zeitlupenaufnahmen herausgefunden: Zuerst drehen sie den Kopf nach unten, dann schwingen sie den Oberkörper hinterher, und zum Schluß kurbeln sie das Hinterteil mit dem Schwanz nach unten. Die einzige Voraussetzung für diese Fertigkeit ist genügend Zeit. So erklärt sich auch, warum sich Katzen manchmal mehr verletzen, wenn sie aus zwei Metern fallen, zum Beispiel wenn sie auf dem Schrank einschlafen und herunterpurzeln, als wenn sie aus dem ersten Stock drei Meter hinuntersegeln. Und segeln, das ist ihr zweiter Trick. Sobald die Höhe wirklich abenteuerlich ist, spreizen Katzen die Beine so weit auseinander, daß ihr Körper wie ein Fallschirm wirkt und den Fall bremst. In New York nennt man den Hochsommer auch die Jahreszeit der fliegenden Katzen. Denn dann fliegen sie auf der Jagd nach schwirrenden Insekten von ungesicherten Fenstern und Balkonen aus den Hochhäusern. Eine geglückte Landung ist dann eine Meldung in der Zeitung wert. Aber die mißlungenen Stürze werden verschwiegen. Sicher sein darf man nämlich nie, daß eine Katze den Dreh auch wirklich raushat. Es könnte auch anders kommen. Vor Experimenten sei daher ausdrücklich gewarnt.

Katzen, wie sie im Buche stehen

Bist du geliebter Katerjüngling, der du dieses liesest, nicht einmal in deinem Leben in einen Zustand geraten, der dir selbst unerklärlich, dir die bittersten Vorwürfe und vielleicht auch – einige tüchtige Bisse deiner Kumpane eintrug?" So liest sich E.T.A. Hoffmanns „Lebens-Ansichten des Katers Murr", und der hat schon fast 170 Jahre auf dem Buckel.

Vom Schmeichelton zum ordinären Cat-Slang

Heute würde sich das so anhören: „Na, mein Lieber, auch schon mal in der Klemme gewesen und so richtig zur Sau gemacht und verprügelt worden?" Die Sprache ändert sich, nicht aber die Idee: Da dürfen Katzen sprechen und handeln und führen ein intelligentes Leben neben ihren eher dumpfen Besitzern. Die wiederum haben keine Ahnung davon, welche vierbeinigen Edelsteine sie umgeben. Francis, der kluge Kater aus Akif Pirinçcis berühmtem Krimi „Felidae", läßt an seinem Herrchen Gustav kein gutes Haar, mit Ausnahme seiner Dosenöffnerqualitäten: „Obwohl sein Erscheinungsbild dem eines Gorillas nicht unähnlich ist, ist er, wie man so schön sagt, ein Kind geblieben, obendrein ein vertrotteltes." Solche Unfreundlichkeiten hätten einst die Katzen nicht einmal zu denken gewagt, noch mit der Feder in der Pfote aufs Papier gekrakelt. Die Typen vom Schlage eines Francis tackern mit den Krallen auf Computertasten herum und klären Morde und andere Verbrechen auf. Kater Murrs verschraubte Worte würden bei Kater Francis Hohn und Spott auslösen, gespickt mit unschönen Worten, die vor 30 Jahren eine Strafarbeit in der Schule eingebracht hätten, heute auf den Pausenhöfen jedoch die Regel sind.

Zeitlose Poesie für sie: Als Musical zum Welthit

Die Katzen gehen eben mit der Zeit, vor allem, wenn wir ihnen unsere Sprache leihen. Aber es gibt auch Katzenpoesie von zeitloser Schönheit, die in dieser Zeit größten Erfolg erzielte. Gemeint ist das Musical „Cats", viele Jahre lang Dauerbrenner in Hamburg und Wien. Es bringt die etwas in die Jahre gekommenen Katzengedichte von T.S. Eliot auf die Bühne. Wenn Katze Grizabella ihre „Memories" ins Publikum schmettert, denkt kaum einer der Zuschauer daran, daß sie sich ungefähr an die 20er Jahre erinnern würde. Denn die Gedichte stammen aus dem Jahr 1939, wenn auch die Musik von Andrew Lloyd Webber neueren Datums ist.

Schaurig und schön: Katzenromane im Boom

In den vergangenen Jahrzehnten boomt die Literatur in Sachen Mieze geradezu. Es wird nicht länger als Verschrobenheit belächelt, katzenbeseelte Zeilen zu Papier oder – neuerdings – zu Computer zu bringen. Gerne erinnern sich moderne Schreiber an Baudelaire, Colette, Hemingway und andere, die aus ihrer Katzenliebe kein Geheimnis machten. Der Trend geht zu immer mutigeren Geschichten, bei denen die Katzen als Hauptpersonen agieren. Es gibt aber auch sehr berühmte Bücher und Romane, in denen von und über den samtpfötigen Liebling berichtet wird, etwa von Paul Gallico „Thomasina" oder „Meine Katze Jennie". Mit großem Einfühlungsvermögen in die Seelen von Kindern und Katzen schrieb Gallico echte Klassiker, die in einer guten Katzenbibliothek nicht fehlen sollten.

Wenn Männer auf die Mieze kommen

Autobiographisch erzählen andere Autoren, wie sie auf die Katz' kamen, zum Beispiel Peter Gethers „Die Katze, die nach Paris reiste". Er schildert, wie er sich vom eingefleischten Katzengegner von einem Katerchen der Rasse Scottish Fold (das ist eine Britisch Kurzhaar mit Kippohren) zum Miezenfan bekehren ließ. Und da Gethers als Drehbuchautor vom Schreiben eine Ahnung hat, ist seine „Niederlage" spaßig zu lesen. Ähnlich erging es Cleveland Amory, der sein Herz an „Die Katze, die zur Weihnacht kam" verlor. Er packte in sein Buch eine Menge Wissenswertes rund um die Katze.

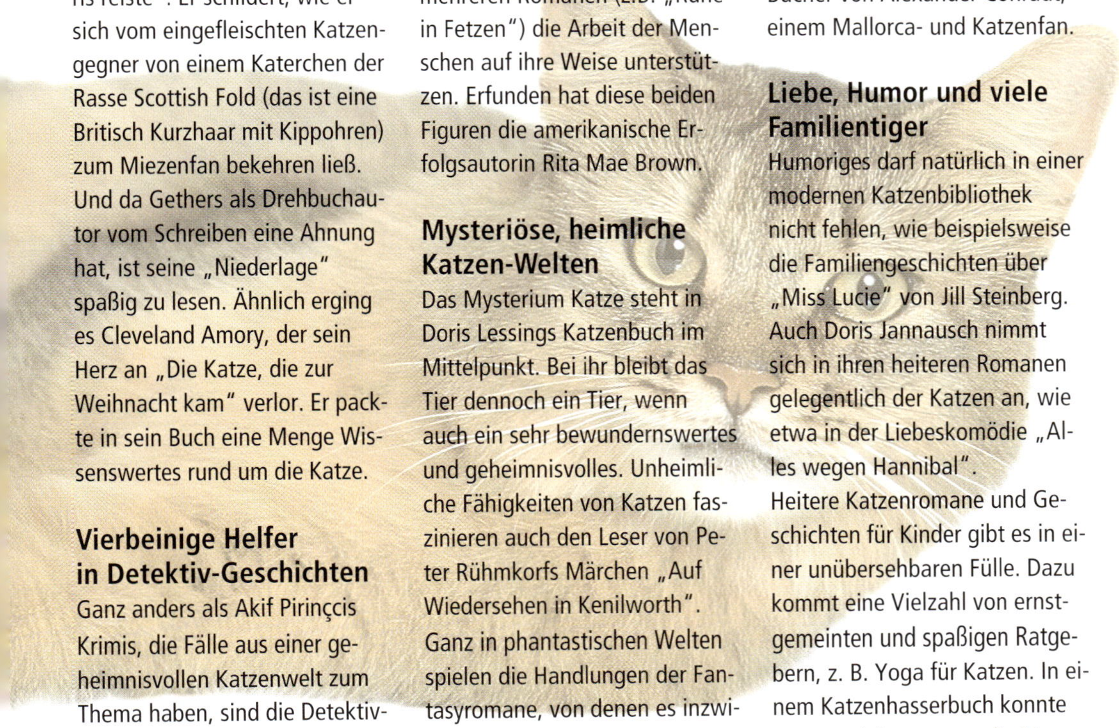

Vierbeinige Helfer in Detektiv-Geschichten

Ganz anders als Akif Pirinçcis Krimis, die Fälle aus einer geheimnisvollen Katzenwelt zum Thema haben, sind die Detektivstories, bei denen Katzen den Menschen helfen, Verbrechen aufzuklären. Viele solcher Stories sind erschienen über die Siamkatzen „Koko" und „Yum Yum" von Lilian Jackson Braun. Diese beiden helfen auf kätzisch stumme Weise einem verschrobenen Journalisten Verbrechen aufzuklären. Selbst aktiv werden die sprechende Tigerkatze „Mrs. Murphy" und ihre Hundefreundin „Tee Tucker", die schon in mehreren Romanen (z.B. „Ruhe in Fetzen") die Arbeit der Menschen auf ihre Weise unterstützen. Erfunden hat diese beiden Figuren die amerikanische Erfolgsautorin Rita Mae Brown.

Mysteriöse, heimliche Katzen-Welten

Das Mysterium Katze steht in Doris Lessings Katzenbuch im Mittelpunkt. Bei ihr bleibt das Tier dennoch ein Tier, wenn auch ein sehr bewundernswertes und geheimnisvolles. Unheimliche Fähigkeiten von Katzen faszinieren auch den Leser von Peter Rühmkorfs Märchen „Auf Wiedersehen in Kenilworth".
Ganz in phantastischen Welten spielen die Handlungen der Fantasyromane, von denen es inzwischen einige mit Katzen als Hauptpersonen gibt, zum Beispiel „Traumjäger und Goldpfote" von Tad Williams oder Jörg Ritter „Der Katzenstern".
Während Traumjäger nach einer abenteuerlichen Suche seine Goldpfote befreit, erleben unterm „Katzenstern" drei Kater ein silberblaues Wunder.
Abenteuergeschichten von und über Katzen gibt es viele. Berühmt wurden die „Irmchen"-Bücher von Alexander Conradt, einem Mallorca- und Katzenfan.

Liebe, Humor und viele Familientiger

Humoriges darf natürlich in einer modernen Katzenbibliothek nicht fehlen, wie beispielsweise die Familiengeschichten über „Miss Lucie" von Jill Steinberg. Auch Doris Jannausch nimmt sich in ihren heiteren Romanen gelegentlich der Katzen an, wie etwa in der Liebeskomödie „Alles wegen Hannibal".
Heitere Katzenromane und Geschichten für Kinder gibt es in einer unübersehbaren Fülle. Dazu kommt eine Vielzahl von ernstgemeinten und spaßigen Ratgebern, z. B. Yoga für Katzen. In einem Katzenhasserbuch konnte man vor Jahren sogar die Methoden des Feindes studieren...

Die Rassen der Katzen

Die Hauskatze: die heimliche Nummer 1 der Rassen.

Große Zuneigung brachten ihnen wichtige Persönlichkeiten wie Papst Gregor der Große oder Mohammed entgegen. Panik ergriff dagegen so mutige Männer wie etwa Napoleon, wenn sie einer Katze begegneten. Man liebt sie, oder man haßt sie. Dazwischen gibt es nur wenig.

Vielgestaltige Schönheiten

Gezielte Katzenzucht wird erst seit ca. 130 Jahren betrieben, denn der Aspekt kätzischer Schönheit wurde erst zu diesem Zeitpunkt ein Thema. Heute gibt es über 60 Rassen, und es werden immer mehr.

In den Anfängen kannte man nur ein halbes Dutzend Rassen. Blickt man zurück, hat sich seither etwa alle zwei Jahre eine neue Rasse etabliert. Die meisten Neuschöpfungen entstanden durch gezielte Kreuzungen, nur selten entdeckte man eine „natürlich“ entstandene Rasse wie beispielsweise die jüngst auf Sri Lanka gefundene „Ceylon Cat“.

Welche Vielfalt allein in der Hauskatze steckt, kann jeder Tierheimbesucher leicht erkennen. Kaum ein Tier gleicht dem anderen. Die Felle zeigen eine unerschöpfliche Fülle von Mustern und Farben. Hinzu kommt eine verblüffende Individualität: Ein Kätzchen ist verspielt wie verrückt, ein anderes still und in sich gekehrt. Diese Hinterhofschönheiten haben einen kaum zu schätzenden Vorteil: Es steckt alles in ihnen, so gemischt, daß jedes Tier ein vierbeiniges Original ist. Etwa vier von fünf Katzen sind Hauskatzen. Sie stellen also die überwiegende Mehrheit dar und sind – wenn man so will – die beliebteste Rasse von allen. Hört man Hauskatzenfreunde mit Rassenfreaks diskutieren, entsteht leicht der Eindruck, daß es sich um zwei verschiedene Tierarten handelt. Die einen freuen sich an der Verschiedenheit jeder einzelnen Katzenpersönlichkeit, die anderen sind um so glücklicher, je besser ihr Tier dem vorgeschriebenen Standard entspricht. Was man heute Hauskatzen nennt, sind meist Mischlinge, in deren Adern jedoch auch Rassekatzenblut fließt. Die typische stämmig-drahtige Bauernkatze, wie sie vor 50 Jahren auf jedem Hof anzutreffen war, weicht allmählich einer schlankeren, durch Orientalenblut veränderten Miezengestalt. Dies ließ Züchter die Urform der Hauskatze als Rasse züchten: die **Europäisch Kurzhaar.** Wie Perser oder Siam besitzt sie eine Ahnentafel. Bei uns ist sie jedoch ziemlich selten.

Colourpoint: Perser mit Siamtouch

Die Perser. Von allen Rassekatzen ist die Perser die beliebteste. Sie ist eine liebe, ruhige, verschmuste, anhängliche und unaufdringliche Wohnungsgefährtin, ideal für Menschen, die die leisen Töne mehr schätzen als lauten Rummel. Diese Katze mit ihrer stämmigen Figur, dem runden Gesicht, den kleinen Öhrchen, den Kulleraugen und dem wunderschönen Langhaar hat einen treuen Freundeskreis. Bei der Viel-

Perserkatzen mit einem vorwitzigen Näschen sieht man heute wieder öfter.

falt an Farben und Fellzeichnungen dieser alten Rasse findet jeder das passende Tier. Teilweise als eigene Rasse wird die Perser im Siamlook angesehen, die man **Colourpoint** nennt. Da die Langhaar sehr pflegeintensiv ist, sollte sie nur von jemandem gehalten werden, der viel Zeit für die Fellpflege aufbringen kann. Wer trotzdem eine Perser möchte, kann sich auch für eine **Exotic Shorthair** entscheiden, eine Kurzhaarzüchtung dieser Rasse.

TIP

Manche Züchter produzieren Tiere mit so stark verkürzten Nasen, daß diesen sogenannten „Peke-Face"-Persern permanent die Augen tränen, und sie teilweise Atembeschwerden haben. Unabhängig davon, ob einem dieser durch den Nasenstop hervorgerufene grimmige Gesichtsausdruck gefällt oder nicht – eine Katze mit offensichtlichen Gesundheitsschäden kauft man besser nicht.

Die Siam. Sie kommt auf der Beliebtheitsskala gleich nach der Perser und kann auf eine fast ebenso lange Zuchtgeschichte zurückblicken. Im Gegensatz zur Perser ist sie nicht gedrungen, sondern schlank, lang und feingliedrig. Die perserartige Ruhe und Zurückhaltung ist der Siam wesensfremd. Sie bestickt vielmehr durch ihre lebhafte, geschwätzige und anhängliche Art, die jedem Katzenfreund willkommen ist, der Langeweile und Trübsinn aus seinem Leben verbannen will. Die Siam ist sehr gesellig und sucht häufigen Körperkontakt zu ihren Menschen und zu anderen Katzen. Auch schreckt sie nicht davor zurück, sich im Hundekörbchen

Dieses Lilacpoint ist seltener als die sealbraune „Ursprungsfarbe" der Siamkatzen.

mit breitzumachen. Das besondere Kennzeichen der Siamkatzen ist die Pointzeichnung, eine zur hellen Körperfarbe kontrastierende, dunkle Gesichtsmaske, ebenso gefärbte Ohren, Beine und Schwanz. Siam haben immer strahlendblaue Augen und ein kurzes, seidiges, glänzendes Fell. Die häufigste Farbe ist Sealpoint (dunkelbraune Abzeichen). Siam mit rundlicheren Körperformen werden heute **Thai** genannt.

Solche, die von der Statur aussehen wie Siamkatzen, aber keine Pointzeichnung tragen, nennt man **Orientalisch Kurzhaar** (OKH). Im Charakter ähneln sie der Siam und eignen sich wie diese zur Haltung in der Wohnung, am besten mit einem weiteren vierbeinigen Gesellen. Die Halblanghaarvariante der Siamkatze nennt man **Balinese**, die der OKH **Javanese** oder **Mandarin**. Orientalen mit langem Haar gelten als weniger quirlig als die Kurzhaarigen.

Die Kartäuser. Ihr blaugrauer Plüschpelz lädt ein, die Finger hineinzuwühlen und das robuste, kräftige Tier ordentlich durchzuknuddeln. Die ursprüngliche Kartäuser war einst die „Hauskatze" der gleichnamigen Mönche aus

Heißblütiges Orientalisch-Kurzhaar-Trio

Die Maine Coon: rauhe Schale mit weichem Kern

Frankreich. Was heute als Kartäuser angeboten wird, sind Britisch Kurzhaarkatzen in der Farbe „Blau“, wie dieses spezielle Katzengrau genannt wird. Die einstigen Klosterkatzen heißen nun **Chartreux**. Durch die häufige Verpaarung der blauen Katzen untereinander können heute nur noch die Experten diese Rassen auseinanderhalten. Vom Charakter her ist die Kartäuser (die Britisch Blau) eine Mischung aus englischer Hauskatze und Perser, von der sie vor langer Zeit die Farbe geerbt hat. Sie ist ruhig, ein wenig eigenbrötlerisch, lebt gern in der Wohnung, gilt aber nicht als sehr gesellig.

Dies gilt auch für die **Britisch Kurzhaar** (BKH) in anderen Farben und Fellzeichnungen. Von der Herkunft sind sie zur Rasse veredelte Hauskatzen der britischen Insel. Und auch in anderen BKH-Farben schlummert ein wenig Perserkatzenerbe, das für die rundlichen Formen und das dichte Fell verantwortlich ist. Ein Halter, der viel zu Hause ist, kann sie gut als Einzeltier bei sich aufnehmen. Ansonsten ist es ratsam, zwei Jungtiere zusammen groß werden zu lassen. Diese vertragen sich in der Regel sehr gut.

Die Maine Coon. So stellt man sich eine echte Trapperkatze vor: groß und kräftig, mit zotteligem Fell, das Wind und Regen trotzt, imposanter Halskrause und „Schneeschuhen“ an den Pfoten. Man sieht sie förmlich hinter den Yankees durch den Schnee des rauhen, unwirtlichen Landes Maine an Amerikas Ostküste herstapfen. Das ist natürlich ein wenig übertrieben. Aber so wird die Maine Coon, diese besonders große Katzenrasse aus Amerika, gern gesehen. Die Maine Coon ist tatsächlich eine Rasse, die dort von selbst auftauchte. Da es keine einheimischen „american cats" gab, mußten ihre Vorfahren, vielleicht sogar schon vor Jahrhunderten, mit eingewandert sein. Manche Katzenexperten vermuten sogar, daß norwegische Zottelkatzen vom Schiff des Wikingers Erik des Roten auf dessen großer Überfahrt im 11. Jahrhundert desertiert sind. Genau weiß man es nicht, aber die Ähnlichkeit zwischen Norwegischer Waldkatze und Maine Coon ist verblüffend. Tatsache ist, daß sich diese Katzenrassen optimal an kalte, schneereiche Winter und feuchtheiße Sommer angepaßt haben. Im Winter haben sie ein dichtes, langes Fell, besonders am Hals, den Beinen und sogar zwischen den Zehen. Im Sommer verlieren sie die dicke Unterwolle und sehen zeitweilig völlig verändert aus.

Alle langhaarigen Katzen, die keine Perser sind, zählt man zu den Halblanghaarkatzen, also auch diese beiden Rassen. Die Vereine stellen sie im Winter aus, wenn sie in voller Pelzpracht stehen.

Rauhe Schale weicher Kern – so könnte man die Maine Coon kurz charakterisieren. Das Bild des „lonesome Cowboys" täuscht völlig über ihre Geselligkeit und ihr Seelchen hinweg: Sie ist nämlich überhaupt nicht gern allein und hat sich durch die jahrelange Haltung als Zuchtkatze längst an ein Leben als Wohnungskatze gewöhnt. Wie

Die knuffigen Kartäuser sind seit Jahren sehr beliebt.

alle Katzen mögen diese geschickten Jäger einen Garten mit natürlicher Mäuseanimation. Wer dies nicht bieten kann, sollte für die Maine Coon ein Kletter- und Turnparadies in der Wohnung bauen und viel Spielzeug und Zeit für sie haben.

Die Norwegische Waldkatze. Der Siegeszug der Maine Coon ließ die Norwegische Waldkatze an Beliebtheit einbüßen, obwohl beide Rassen sich sehr ähnlich sehen und oft verwechselt werden. Die „Norwegerin" ist leichter und kleiner als eine Maine Coon, bleibt insgesamt aber doch eine kräftige Erscheinung. Dem Menschen sind die Waldkatzen sehr zugetan. Neugierig, aufgeschlossen und lebhaft begrüßen sie alles Neue in der Wohnung, sind sehr verspielt und anhänglich. Besonders auffällig ist ihre zarte Stimme, die sie gern und oft hören läßt. Seit einigen Jahren gibt es einen weiteren Waldschrat, die Sibirische Katze, die ebenfalls aus nordischen Gefilden stammt.

Die Norwegische Waldkatze ist verspielt.

Die Heilige Birma. Vor 100 Jahren beschützte ein britischer Major mit seinen Truppen ein birmesisches Kloster vor feindlichen Angriffen. Zum Dank zeigte der Lama dem Major die wohlgehüteten Tempelkatzen und erzählte die Legende über den Hohepriester Mun Ha. Als Räuber den Lao-Tsun-Tempel bedrohten, brach der Hohepriester tot zusammen, worauf der Kater Sinh auf ihn sprang und beschwörend zu der Tür wies, die noch vor dem Einfall der Räuber geschlossen werden konnte. Die Seele des Priesters war in den Kater gewandert, dessen Augenfarbe von Grün zu Blau wechselte und dessen Pfoten dort, wo sie den Leichnam berührten, schneeweiß wurden. Leider verrät diese schöne Legende nicht viel über die wahre Herkunft der Birma-Katze,

Die Heilige Birma: Um ihre Herkunft rankt sich eine wunderschöne Legende.

die, mit Ausnahme der weißen „Handschuhe", wie eine Siam gezeichnet ist. Ihr Körper, unverkennbar orientalischen Ursprungs, ist dennoch kompakter und gerundeter als der einer Siam. Die Birma hat ein fließendes Halblanghaarfell mit wenig Unterwolle und faszinierende blaue Augen. Liebhaber dieser Rasse schwärmen von ihrer Ausgeglichenheit, Lernfähigkeit und Toleranz gegenüber Tieren und Menschen. Außerdem gilt sie als sehr anpassungsfähig. Sie ist eine ideale Katze für Leute, die häufig auf Reisen sind.

Die Burma. Die Besitzer dieser Rasse spüren schnell, wer der Boß

Burmakatzen sind häufig braun, aber nicht nur. Heute gibt es sie in vielen Farben.

ist. Die kleinen Samtpfoten bringen dieses Wissen, eher eine Gewißheit, schon ins neue Zuhause mit. Dann aber regieren sie ihre menschlichen Untertanen mit viel gewitztem Charme, und dies verleiht ihnen eine unwiderstehliche Anziehungskraft. Die Burma ist eine ausgeglichene und in den Proportionen ausgewogene Katze, die in Statur und Fellzeichnung ein bißchen an eine Siamkatze erinnert. Burmakatzen haben einen Hauch von Points, also Abzeichen wie die Siam, nur sind sie im Fell dunkler. Außerdem haben sie, trotz unverkennbar asiatischer Herkunft, ein robusteres Format als Siamkatzen. Charakteristisch ist ihr breiterer Kopf mit ausdrucksstarken gelben Augen. Eine aus der Burma herausgezüchtete Neuschöpfung ist die **Burmilla**, eine Kreuzung mit Perser-Chinchilla. Dadurch ergeben sich ein silbern glänzendes Fell und grüne Augen.

Die Abessinier. Das Land, nach dem diese Rasse benannt ist, heißt heute Äthiopien. Dort gibt es jedoch keine Katzen dieses Typs und vor allem dieser eigentümlichen Fellfärbung, die man Ticking nennt. Jedes Haar ist dabei wie ein Zebrastreifen gebändert, mal in mehr bräunlichem Ton (agouti, wildfarben), mal in Rotbraun (sorrel). Auf der Stirn tragen die Abessinier und ihre halblanghaarige Verwandte, die **Somali**, das „M“ der Tabbykatzen. Diese Katze mit ihrer kräftigen, muskulösen und geschmeidigen Gestalt strahlt eine Unnahbarkeit aus, wie wir Menschen uns die göttlichen Katzen Ägyptens vorstellen. Dabei ist die Abessinier keineswegs unnahbar, sondern im Gegenteil sehr besitzergreifend, neugierig, hingebungsvoll, aber auch geheimnisvoller als manch andere Katze. Ihre wahre Herkunft liegt im Dunkel der Katzengeschichte, denn daß die Katze, die 1868 von britischen Truppen nach England gebracht wurde, tatsächlich aus Äthiopien stammte, wird heute bezweifelt, zumal es ähnlich gezeichnete Katzen nur in Fernost gibt.

Die Türkisch Angora. Sie trägt langes, wallendes Haar, heißt Angora und ist doch keine Perserkatze. Das verwirrt noch heute viele ältere Katzenfreunde, die in ihrer Kindheit gelernt haben, alle langhaarigen Katzen als Angora zu bezeichnen. Tatsächlich machte man im vorigen Jahrhundert kaum eine Unterscheidung. Doch der rundliche Persertyp setzte sich durch, obwohl es die türkischen Katzen schon vorher in Europa gegeben hat. In Tempelgärten von Istanbul werden vor allem die rein weißen Angoras gehalten, da die Türken glauben, daß ihr 1938 verstorbener Staatspräsident Kemal Atatürk eines Tages als weiße Angorakatze mit einem blauen und einem gelben Auge wiedergeboren wird. Die anderen Farben dieser Rasse interessierten sie daher nicht. Doch gibt es inzwischen zahlreiche Vertreter dieser Farben, und sie haben den Vorteil, daß bei ihnen keine erblich bedingte Taubheit auftritt, wie das bei rein weißen Katzen, ganz gleich welcher Rasse, zuweilen der Fall ist. Da die Türken nicht wollten, daß Atatürk irgendwo in Amerika wiedergeboren wird, verhinderten sie lange Zeit die Ausfuhr ihrer Staatsrasse. Erst 1954 gelang es, und seither wird die Türkisch Angora auch in vielen Ländern gezüchtet. Als Halblanghaarkatze ist sie pflegeleichter als eine Perser. Nicht nur ihre Schönheit erregte Aufsehen, sondern auch ihre Empfindsamkeit, ihr seelenvoller Blick und diese unwiderstehliche Art, mit der sie ihren Willen durchzusetzen versteht. Die

Die Abessinier: eine uralte Rasse von geheimnisvoller Herkunft und Abstammung

Angora ist ungern allein und leidet schnell unter Einsamkeit, wenn sie keinen Gefährten hat.

Eine verwandte Rasse ist die **Türkisch Van** aus dem ostanatolischen Gebiet rund um den Van-See. Ihr auffälligstes Merkmal ist die eigentümliche Van-Zeichnung: eine weiße Katze mit roten oder rotbraunen Abzeichen bzw. Flecken am Kopf, den Ohren, am Schwanz und kleinen Tupfern, gelegentlich auch am Rücken oder an den Pfoten. Diese Scheckung hat sich natürlich herausgebildet und wird heute von Züchtern nicht verändert. Andere Farben gibt es bei dieser Rasse nicht. Die Van ist wie die Angora sehr verträglich und gesellig. Charakteristisch ist ihre Freude am Wasser. Manche Exemplare springen sogar freiwillig ins kühle Naß. Die meisten fühlen sich allerdings nicht zum Schwimmen berufen, sondern eher zum Angeln, Wasserpfoteln und Herumspritzen an Hähnen und Gartenschläuchen.

Die Ragdoll. Sie ist eine Wucht von Katze: Groß, schwer, knuffig, dickfellig – auch im charakterlichen Sinne –, spricht sie genau die Katzenfreunde an, die beim Schmusen „etwas“ in der Hand haben wollen und die ihren Liebling gerne kräftig durchknuddeln. Die Ragdoll, eine amerika-

Die Türkisch Angora wurde früher nur in Weiß gezüchtet.

Die Ragdoll ist eine große, schwere Katze.

nische Züchtung aus weißer Hauskatze mit einem Birma-Mischling und vielleicht noch weiteren Rassen, ist in den vergangenen Jahren sehr beliebt geworden. Schönheit und Ausgeglichenheit halten sich bei ihr die Waage. In ihr schlummert versteckt die Seele eines Hundes: Anhänglich läuft sie ihrem Halter hinterher und geht lieber überall mit hin, als allein zurückzubleiben. Sie verträgt sich mit Mensch und Tier und: Sie ist keine Katze für gewisse Stunden, sondern für alle Stunden.

Die Russisch Blau. Ihr Name klingt ein wenig unterkühlt, und tatsächlich kommt sie auch aus nordrussischen Gefilden, wo man ihren frühen Ahnen bei klirrender Kälte eher das hübsche Fell über die Ohren zog, um einen Muff daraus zu machen, als sich einen weiteren Fresser ins Haus zu holen. Diese Zeiten haben die Katzen aus Archangelsk hinter sich, und vermutlich auch ihre ursprüngliche Form. Denn was heute als Russisch Blau gezüchtet wird, trägt so manches Erbe, was sicherlich nicht aus Rußland importiert wurde, z. B. das anderer „Blaukatzen". Ihrer Schönheit hat dies jedoch mehr genützt als geschadet: Hübsch anzusehen ist ihr keilförmiges Gesicht mit den dicken Schnurrhaarkissen und den mandelförmigen grün leuchtenden Augen. Ihr Körper ist lang und schlank wie die Beine und der Schwanz, alles bepelzt in plüschigem Blaugrau mit Silberschimmer.

Von ähnlichem Aussehen ist die **Korat**. Sie hat ein herzförmiges Ge-

Die Türkisch Van gibt es nur in Weiß-rot.

sicht. Ihr Fell ist kurz, obwohl es länger wirkt. Wie viele blaufarbene Katzen strahlen sie eine ruhige Würde aus, die sanfte liebevolle Russisch Blau mehr als die lebhafte und verspielte Korat. Beide schließen sich ihrem Menschen eng an, verhalten sich Fremden gegenüber jedoch zurückhaltend.

Die Ocicat. Ihr Name klingt exotisch wild, ihr getupftes Aussehen hat den Namen geprägt. Katzen mit diesem Ozelot-ähnlichen Wildlook sind etwas Besonderes. Beinahe zufällig entstand die Rasse. Eine Züchterin verpaarte eine Siamkatze mit einem Abessinier-Kater, sie wollte sehen, ob es gelingt, Siam mit abessinierfarbenen Points zu kreieren. Letztlich gelang ihr dies auch.

Aber neben diesen Wunschkindern gab es da noch ein paar gepunktete Überraschungsgäste. Und wer die Herkunftsrassen kennt, wird sich wundern, wie sie auf den „Punkt" gebracht wurden.

Die Erklärung liegt im Tabby-Gen der Abessinier. Auch im Ausdruck und Wesen entpuppten sich diese Katzen als witzige, temperamentvolle, heißblütige Mischung. Ihre hohe Intelligenz, Auffassungsgabe und Neugier überraschen ihren Hal-

Die Russisch Blau ist schlanker als die berühmt-blaue Kartäuser.

Die Ocicat hat Siam- und Abessinierahnen.

ter immer wieder. Die Ocicat lernt schnell, leider auch das, was sie besser nicht tun sollte, zum Beispiel Türen öffnen. Langeweile kommt mit ihr nie auf. Sie ist gesellig, fährt gern mit in den Urlaub und läßt sich an der Leine spazierenführen.

Egyptian Mau. Auch sie ist getupft und stammt, wie der Name schon sagt, aus dem Land der göttlichen Katzen. Nach dem Zweiten Weltkrieg verpaarte eine Züchterin eine besonders schöne Tupfenkatze aus Kairo mit einem italienischen Kater.

Damit begann die Zucht der Egyptian Mau, der Katze, die den Göttern etwas näher steht. Sie gehört nicht zu den Katzen, die sich erst an alle möglichen Menschen „heranschmeißen" und dann sehen, wem sie sich da eigentlich auf den Schoß gesetzt haben. Sie sieht mit ihren großen mandelförmigen Augen genau hin und schenkt ihre Gunst nur würdigen Personen. Dann aber zeigt sie, wieviel Zärtlichkeit und Geselligkeit wirklich in ihr steckt.

Eine weitere getupfte Katze ist die **Bengal**, die tatsächlich eine Wildkatze zum Ahnherrn hat. Amerikanische Züchter kreuzten Bengal-Katzen mit Hauskatzen. Heute hat die Bengal ein sanftes, freundliches Wesen.

Die Egyptian Mau ist die einzige Rasse, die wirklich aus Ägypten stammt.

Was für ein wunderbares Gefühl ist es, zu wissen, daß bald eine Katze ins Haus kommt. Die Freude ist groß, und dann stellen Sie vielleicht fest, daß das Tier Freilauf gewohnt ist, ohne daß Sie diesen bieten können. Planen Sie deshalb den Einzug der Katze mit Sorgfalt. Und wer beim Einrichten seiner Katzenwohnung mit Liebe, Phantasie und Freude zu Werk geht, macht nur selten etwas falsch.

Gut versorgt

15mal „Ja" zur Katze

- ○ Haben Sie oder ein anderes Familienmitglied immer genügend Zeit für Ihre Katze, zum Schmusen und Spielen? Sind Sie täglich neben der Schlafenszeit noch mindestens einige Stunden in der Wohnung?
- ○ Freut sich jeder in der Familie über den vierbeinigen Zuwachs?
- ○ Hat kein Familienmitglied eine Katzen- oder eine andere Tierhaarallergie?
- ○ Wird sich die Katze mit anderen Heimtieren in Ihrem Haushalt vertragen?
- ○ Gibt es einen Hauptverantwortlichen für die Katze in der Familie?
- ○ Wissen Sie, wer sich um das Tier während Ihres Urlaubs kümmern wird?
- ○ Hat Ihr Vermieter keine Einwände gegen die Katzenhaltung?
- ○ Werden Sie die 15 oder mehr Lebensjahre Ihrer Katze voraussichtlich immer für sie dasein können?
- ○ Reicht Ihr finanzielles Polster aus, um neben den Futter- und Zubehörkosten auch einmal eine teurere Tierarztrechnung bezahlen zu können?
- ○ Können Sie es ertragen, wenn gelegentlich Futterreste herumliegen oder Katzenhaare an Ihren Polstermöbeln kleben?
- ○ Nehmen Sie es gelassen hin, wenn die Katze auch einmal an einem Möbelstück ihre Krallen schärft?
- ○ Putzen Sie ohne Ekel ein Katzenklo?
- ○ Sind Sie bereit, auf eine Unternehmung zu verzichten, wenn Ihre Katze einmal krank werden sollte und Sie braucht?
- ○ Trauen Sie sich zu, eine Katze mit viel Liebe und Konsequenz zu erziehen?
- ○ Sehen Sie nach all diesen Fragen der Ankunft der Katze noch immer mit Freude entgegen?

Paßt eine Katze in Ihr Leben?

Katzen sind einfach zu halten und können fast in jeder Umgebung glücklich werden. Probleme gibt es mit ihnen nur selten, aber es kann sie geben, und daher ist es wichtig, sich vor dem Anschaffen einer Mieze zu überlegen, was sie braucht und wie sich das Leben und der Alltag der nächsten 15 Jahre durch eine Katze verändern werden. Allein in Deutschland leben über 5 Millionen Katzen in ebensovielen Haushalten, die sich nicht von den Wenns und Abers abschrecken ließen und ihr Leben an die Katzenhaltung angepaßt haben. Die Tierheime suchen verzweifelt nach solchen verantwortungsbewußten Katzenfreunden, die ein herrenloses Tier bei sich aufnehmen oder vielleicht gleich zweien der zahllosen „Asylanten“ ein Zuhause bieten.

Wer allerdings leichtfertig ein Tier zu sich nimmt, bringt es genauso schnell zurück ins Tierheim. Daher sollen Ihnen die folgenden Überlegungen (siehe auch Kasten) helfen, die richtige Entscheidung zu treffen.

Die Wildnis ruft – ist Freilauf nötig?

Katzen lieben den Freilauf, und in einer ruhigen Wohngegend sollte man ihnen diese Freude gönnen. Kätzchen, die nie draußen stromern durften, akzeptieren problemlos die Wohnung als alleinigen Lebensraum, sind dort fröhlich, verspielt und verschmust und immer im sicheren Haus, was man von Freilaufkatzen nicht behaupten kann. Auf ihre Streifzüge begleitet sie die Angst ihrer Halter, dem Straßentiger könnte im Verkehr, durch Katzenhasser oder schießfreudige Jäger etwas zustoßen. Für die Wohnungshaltung spricht eine Menge.

Katzen spielen gern. Haben Sie genügend Zeit dazu?

Der heißgeliebte Freilauf ist heute oft viel zu gefährlich.

Am besten halten Sie in diesem Fall zwei Tiere, ganz besonders, wenn Sie beruflich täglich einige Stunden außer Haus sind. Ermöglichen Sie Ihren Wohnungstigern auch einen Freisitz an der frischen Luft, etwa ein mit Maschendraht gesichertes Fenster oder einen netzumspannten Balkon, vielleicht sogar einen katzensicher eingezäunten Garten. Wer in einer Mietwohnung lebt, sollte die Erlaubnis des Vermieters einholen, wenn die Katze Freilauf haben soll. Reine Wohnungshaltung kann der Vermieter nach neuerer Rechtsprechung nicht mehr verbieten, solange das Tier keinen Nachbarn durch Lärm, Schmutz oder Gestank belästigt. Vermieter müssen allerdings keine „katzenüberflutete" Wohnung dulden. Mehr als zwei Katzen könnten nicht nur für den Vermieter zum Problem werden.

Eine Faustregel besagt, man sollte nicht mehr Katzen halten, als die Wohnung Räume oder die Menschen darin Hände zum Streicheln haben. In einem Singlehaushalt wären also zwei Katzen das Maximum. Bietet man genügend Schlaf- und Spähposten an, können sich diese beiden auch ein Einzimmerappartement miteinander teilen.

Allergie, nein danke!

Selbstverständlich sollte kein Haushaltsmitglied eine Katzenallergie haben. Im Zweifelsfall lassen Sie lieber einen Test machen, falls eine andere Tierhaarallergie bereits bekannt ist. Oder Sie nehmen die gewünschte Katze erst einmal ein paar Tage zur Pflege, um herauszufinden, ob Sie allergisch reagieren.

Katzenjammer im Urlaub?

Ihre Urlaubspläne sollten Sie nicht abschrecken, sich eine Katze zu holen, denn Tierpensionen gibt es überall in erreichbarer Nähe. Wer allerdings schon vorher weiß, wer sich um die Katze während seiner Abwesenheit kümmern wird, ist eine große Sorge los. Außerdem läßt sich ein Tiersitter auch systematisch „einarbeiten“, das heißt, er sollte das Kätzchen schon vorher ab und zu über das Wochenende zu sich nehmen bzw. kennenlernen. Dann gibt es später keine Gewöhnungsschwierigkeiten.

Andere Heimtiere

Wichtig ist, vor dem Kauf der Katze auch abzuklären, ob alle im Haushalt lebenden (oder für die Zukunft geplanten) Tiere mit dem Neuankömmling zurechtkommen. Besonders Hunde sind nur mit Feingefühl dazu zu bewegen, mit einer Katze Frieden zu schließen. Besser ist es, wenn die Katze zuerst da ist und einem Welpen ihre Spielregeln beibringen kann. Eine bereits vorhandene Katze akzeptiert auch nicht ohne weiteres eine zweite. Gut ist es in diesen Fällen, wenn Sie den gewünschten Neuling erst einmal auf Probe zu sich nehmen können.

Katze und Baby

Planen Sie Familiennachwuchs, ist es ratsam, erst das Baby zu kriegen und später die Katze zu holen. Katzen reagieren nämlich leicht eifersüchtig auf die kleinen Schreiwesen, die so plötzlich die meiste Zeit ihres Halters beanspruchen. Möchten Sie trotzdem zuerst eine Katze zu sich nehmen, dürfen Sie das Tier in keinem Fall vernachlässigen, wenn das Baby Einzug erhält. Dann müssen auch die anderen Familienmitglieder mithelfen. Darüber kann man ruhig auch schon frühzeitig mit ihnen reden.

Die Wohnungskatze lebt am liebsten mit einem Gefährten.

Wenn sie krank wird

Auch eine Katze kann krank werden. Wenigstens einer in der Familie muß sich dann Zeit nehmen, zum Tierarzt fahren, Erbrochenes oder Durchfall wegputzen, einen kotverschmierten Po sauberwaschen und der Katze mit viel Geduld Medizin einflößen.

Nächstbeste oder beste Katze?

Jede Katze ist irgendwie ein bißchen die sprichwörtliche „Katze im Sack", denn Sie können nie sicher sein, daß die ausgewählte Katze optimal zu Ihnen paßt. Je genauer Sie im Vorfeld Ihre Wünsche und Neigungen prüfen, desto höher ist die Wahrscheinlichkeit, daß Sie den richtigen „Katzenpartner" für Ihr Leben finden.

Eine ältere Katze ist bereits aus den Flegeljahren heraus.

Jung oder alt?

Manche Menschen finden es sehr reizvoll und spannend, ein Tier zu sich zu nehmen, das schon eine ausgereifte Persönlichkeit mitbringt. Die Ecken und Kanten, die Geheimnisse und Freundlichkeiten einer Katze zu entdecken macht viel Freude, vor allem Menschen, die bereits katzenerfahren sind. Sie holen sich daher manchmal mit Absicht den schwierigsten Kerl aus dem Tierheim oder einen Seniortiger, der sein Leben schon fast hinter sich hat.

Für Einsteiger eignet sich eine junge Katze besser. Sie paßt sich noch leicht an das neue Familienleben an. Doch auch Jungtiere können ihre Tücken haben: Echte Schmusekatzen werden sie nur dann, wenn sie von Geburt an Kontakt zu Menschen hatten und wenn sie möglichst lange bei der Katzenmutter bleiben durften. In Scheunen aufgewachsene Kätzchen bleiben zeitlebens ziemlich scheu. Zu früh (vor der 9. Lebenswoche) von der Mutter entwöhnte Tiere entwickeln eher Unarten, wie Beißen, Kratzen oder Dauernuckeln, als Jungtiere, die behütet und viel gestreichelt beim Züchter aufwachsen. Glücklicherweise werden auch die meisten Hauskatzenkinder liebevoll großge-

Bauern- oder Hinterhofkatzen wollen die Freuden des Freilaufs nicht mehr missen.

zogen, bis sie zur Vermittlung ins Tierheim kommen.

Bei der Altersentscheidung sollten Sie sich ein bißchen von dem „Gleich-zu-gleich-Grundsatz“ leiten lassen. Eine Seniorenmieze, die sich plötzlich in einem turbulenten Haushalt mit Kind und Hund wiederfindet, ist damit schnell überfordert. Ein junger Tunichtgut würde sich dagegen langweilen, wenn ihm nichts anderes geboten würde als ein Single, der auch noch den ganzen Tag außer Haus weilt oder stundenlang am Schreibtisch sitzt, ohne sich der Katzenanimation hinzugeben. Auch Kätzchen eignen sich gut für Familien mit Kindern. Alten Menschen ist ein quirliges Katzenkind manchmal zu lebhaft. Sie holen sich dann besser eine erwachsene Katze aus dem Tierheim.

Eine oder zwei?

Eine Katze, die sich langweilt, geht buchstäblich die Wände hoch. Man sieht das an zerfetzten Gardinen, angekratzten Tapeten und heruntergefallenen Gegenständen. Wer häufig außer Haus ist, nimmt am besten zwei Jungtiere zu sich. Wer viel Zeit hat, kann auch ein Einzeltier halten.

Kater oder Kätzin?

Wer ist die größere „Schmusekatze“? Wer ist fauler, aggressiver, sanfter, intelligenter, verspielter? Niemand weiß es. Auch Katzenforscher sind in diesem Punkt ratlos. Diese Eigenschaften hängen viel mehr von der Persönlichkeit, der Kindheit und der Rasse der Katze ab als von ihrem Geschlecht. Wer nicht vorhat zu züchten, kann sich in diesem Punkt frei entscheiden. Als Zweitkatze zu einem bereits vorhandenen Tier haben sich junge Katerchen als ideal erwiesen, sofern man sie frühzeitig kastrieren läßt.

Straßentiger oder Rassemieze?

Zucht oder „Un-Zucht“, das ist hier die Frage. Für manche Katzenfreunde ist dies nur eine Geldfrage, für andere wiederum eine prinzipielle Entscheidung. Für Rassekatzen muß man durchschnittlich Euro 500,– zahlen, eine Summe, die manchen Käufer dazu verleitet, selbst eine Zucht zu gründen. Der Haken dabei ist, daß solche Preise nur verlangt werden können, wenn der Züchter eine hochkarätige und auf Ausstellungen prämierte Zuchtkatze besitzt. Bis das soweit ist, muß der frischgebackene Züchter viel Geld und Zeit ins Showwesen investieren.

Rassekatzen haben neben ihrer Schönheit außerdem den Vorteil, daß sich ihr Charakter im voraus erahnen läßt. Junge Hauskätzchen bestechen dafür mit ihrer Natürlichkeit und damit, daß sie günstig zu haben sind.

Eine behütet aufgewachsene Rassemieze muß sich an das Wohnungsleben nicht erst gewöhnen.

Testen Sie: Welche Katze paßt zu Ihnen?

Hauskatze oder Rassetier?

1 Lieben Sie das Besondere, Ungewöhnliche und Ausgefallene im Leben?
2 Kommt für Sie nur eine Wohnungshaltung von Katzen in Frage?
3 Haben Sie viel Zeit für eine Katze?
4 Würden Sie gern Jungtiere großziehen?
5 Kennen Sie sich schon gut mit Katzen aus?
6 Spielt der Anschaffungspreis für das Tier für Sie keine Rolle?

Wenn Sie die Fragen 1 bis 6 vorwiegend mit „Ja" beantwortet haben, sind Sie für die Haltung einer Rassekatze geeignet. Lesen Sie unten, welche Rassegruppe sich für Sie am besten eignet.

Welche Rasse harmoniert mit Ihnen? Wählen Sie, welcher Typ Ihnen am meisten zusagt.

1 Sie lieben lebhafte und verspielte Katzen. Eine ruhige Katze würde Sie nur langweilen. Sie brauchen Leben in Ihrer Bude, einen Spielkameraden für Ihre Kinder oder ein Tier, das Sie mit lustigen Kapriolen aufheitert. Sie möchten eine Katze, die häufig von sich aus zu Ihnen kommt. Sie fühlen sich von einer kontaktfreudigen Katze nicht genervt, sondern geschmeichelt. Daß sie nachts in Ihrem Bett schläft und Sie dafür sogar Unannehmlichkeiten in Kauf nehmen, ist für Sie eine Selbstverständlichkeit.

Wenn Sie nun den kurzhaarigen schlanken Katzentyp vorziehen, passen Siam, Orientalisch Kurzhaar, Burma, Burmilla, Tonkanese, Singapura, Rex.
Bevorzugen Sie eine etwas kräftiger gebaute Kurzhaar, passen Europäisch Kurzhaar, Abessinier, Korat, Egyptian Mau.
Soll es eine Katze mit längerem Fell sein, passen Balinese, Somali, Türkisch Van, Türkisch Angora, Javanese (Mandarin), Maine Coon, Norwegische Waldkatze, Sibirische Katze.

2 Sie wollen Leben, aber keine Unruhe im Haus. Ihnen ist das Schmusen mit der Katze wichtiger als Unterhaltung und Kurzweil. Sie suchen mehr das Seelenvolle als das Ungestüme. Ihnen ist es lieber, wenn die Katze ruhig auf dem Schreibtisch schläft, als Sie bei der Arbeit dauernd mit „Gepfotel" zu stören. Sie lieben es, wenn die Katze da ist und viel schmusen möchte. Aber eine Katze, die häufig mit verschiedensten Ansprüchen etwas von Ihnen will, nervt Sie. Sie reagieren verärgert, wenn eine Katze Ihnen nachts das Kopfkissen streitig macht. Angelt sie Ihnen in einem unbemerkten Augenblick die Wurst vom Brot, reagieren Sie eher unfreundlich als belustigt.

Kurzhaar-Katzen, die zu Ihnen passen, sind Britisch Kurzhaar/Kartäuser, Exotic Shorthair, Russisch Blau, Scottish Fold.
Ideale langhaarige Wohnungsgenossen für Sie sind Perser, Colourpoint (beide sind, was das Fell angeht, sehr pflegeintensiv) sowie Ragdoll und Heilige Birma.

Woher Sie eine Katze bekommen

Wenn Sie die Katzenhalter befragen, woher sie ihr Tier haben, hören Sie mit Sicherheit: geschenkt, zugelaufen, Tierheim. So kommen die meisten Miezen in ein neues Zuhause, sind doch rund 80 Prozent von ihnen rasselose Tiere, die im Frühjahr und Herbst wie Sauerbier angeboten werden. Eine geschenkte (aber auch eine zugelaufene oder im Tierheim ausgesuchte) Katze ist wie der berühmte Gaul, dem man nicht ins Maul schaut: ein Überraschungspaket. Wer einen Schmuser will, erkundigt sich nach der Art und Weise, wie das Tier aufgezogen wurde, wobei eine liebevolle Aufzucht auch ein liebevolles Tier bedeutet, wie bereits an anderer Stelle ausgeführt. Wer einen halbverwilderten Hinterhofstreuner bei sich einquartiert, erwartet von ihm besser keine hingebungsvollen Schmusestunden vor dem Fernseher.

Vorsicht vor Streunern, die eines Tages vor der Türe maunzen und sich selbst einquartieren. Zugelaufe-

Ein Rassetier vom Züchter

Woher Sie eine Adresse bekommen

Es gibt eine Vielzahl von Katzenvereinen, die wiederum in einigen Verbänden zusammengeschlossen sind. Organisierte Züchter unterwerfen sich freiwillig einer „Qualitäts"-Kontrolle durch den Verband. Solche, die Rassetiere ohne Ahnentafel zum halben Preis anbieten, tun dies nicht. Die Vereine vermitteln Jungtiere (siehe Anhang). Viele Züchter inserieren in Katzenzeitschriften oder in der Tageszeitung, wenn ein Wurf da ist. Oft wissen auch Tierärzte, wo es gerade Jungtiere gibt.

So erkennen Sie einen guten Züchter

Sehen Sie sich das Zuhause des Züchters genau an. Positive Anzeichen sind: Katzenstube im Wohnbereich, das heißt nicht abgetrennt vom Menschen, sauber, aber nicht steril, denn zu viel Sauberkeit deutet darauf hin, daß die Tiere nicht viel beim Züchter verweilen dürfen. Lassen Sie sich nicht in ein Besuchszimmer abschieben. Sehen Sie sich die Mutter und die Kätzchen genau an: Alle müssen einen aufgeweckten und gesunden Eindruck machen: klare Augen, sauberer Po, glänzendes Fell.

Was Sie beim Kauf beachten müssen

Besprechen Sie Klauseln im Kaufvertrag, die Ihnen seltsam erscheinen, unterschreiben Sie keinen Haftungsausschluß von seiten des Züchters. Geben Sie eine Anzahlung, und zahlen Sie den Rest erst, wenn Sie alles haben: Katze, Impfpaß, Ahnentafel, Besitztransfer.

Seriöse Züchter zeigen stolz alle Tiere und stellen auch dem Käufer viele Fragen.

ne Tiere können ein Zuhause haben, das sie nicht wiederfinden. Es gebietet nicht nur die Rechtslage, sondern auch die Rücksicht auf die eigentlichen Besitzer, daß jeder, der eine Katze draußen „aufgabelt“, dem nächstgelegenen Tierheim eine Meldung mit genauer Beschreibung und eventuell vorhandener Tätowierungsnummer mitteilt. Viele Katzen sind nur mit einer Microchipkennzeichnung versehen, die leider nicht sichtbar ist und nur vom Tierarzt oder dem Tierasyl festgestellt werden kann. Meldet sich der eigentliche Halter nicht nach spätestens sechs Monaten, dürfen Sie den Zuläufer ruhigen Gewissens behalten.

Tierheime erfüllen eine ziemlich undankbare Aufgabe: Einerseits sollen sie möglichst viele herrenlose Tiere unterbringen, andererseits würde man die Mitarbeiter „vierteilen“, wenn sie aus Versehen ein Versuchslabor mit Jungtieren beliefern würden. Sie müssen also kontrollieren, wer wie wo eines ihrer Tiere hält. Dazu dienen die ausführlichen Befragungsbogen und die Abgabeverträge, die vielen Menschen Magengrimmen bereiten. Wer vorhat, eine Katze liebevoll und artgerecht zu halten, braucht den Abgabevertrag nicht zu scheuen. Und das Geld, das das Tierheim für eine Mieze verlangt, sollte jedem eine Katze mindestens wert sein.

Eine Katze zieht ein

Was Katzen brauchen

Freilaufkatzen sind oft vollkommen zufrieden mit zwei Gegenständen: einem **Wasser**- und einem **Futternapf**, möglichst gefüllt. Für andere dringende Bedürfnisse trollen sie sich nach draußen. Der Kirschbaum im Vorgarten, Blumenbeete und Zaunpfähle müssen einer Wohnungskatze durch künstliches Ambiente ersetzt werden. Wenn Sie Ihre Möbel schonen wollen, brauchen Sie dringend

einen **Kratzbaum**. Denn Katzen schärfen ihre Krallen an Stuhlbeinen und Sofas genauso gern wie an der sisalumwickelten Krallenattraktion. Wenn Sie letztere Ihrem Jungtier rechtzeitig vor die Füße legen, schonen Sie Ihr sonstiges Mobiliar.

Ein **Katzenklo** macht nicht nur die Mieze, sondern auch den Halter froh, sofern es bestimmungsgemäß benutzt wird, was jedes Kätzchen instinktiv tut. Am besten wählen Sie als Streu dasselbe Material wie das Tierheim oder der Züchter des Jungtieres.

Geschirr und **Leine** sind nur dann sinnvoll, wenn Sie Ihre Katze öfter mit nach draußen nehmen wollen, beispielsweise bei künftigen gemeinsamen Urlaubsunternehmungen. Sonst ist ein **Transportkorb** die bessere Lösung. In dieser Höhle fühlt sich die Katze geborgen. Für Tierarztbesuche ist ohnehin ein verschließbares Behältnis ratsam, da Katzen im Wartezimmer leicht in Panik geraten können.

Striegelutensilien gibt es in den unterschiedlichsten Aus-

Für Langhaar braucht man einen Entfilzungskamm. Bei Kurzhaar genügt eine Draht- oder Noppenbürste.

führungen. Welche nötig sind und was Ihre Katze davon akzeptiert, müssen Sie testen. Kurzhaarkatzen lieben es, gebürstet zu werden. Langhaarkatzen müssen mit einem Kamm bis zum Haaransatz entfilzt werden, was sie hassen, aber dulden, wenn man sie schon als Kätzchen daran gewöhnt.

Der Abenteuerspielplatz

Wenn Sie alles Notwendige besorgt haben, bleibt Ihnen nun noch, sich um das Amüsement Ihrer Katze zu kümmern. Ein Freilauftier findet reichlich Vergnügen bei seinen Streifzügen. Eine Wohnungskatze muß nehmen, was die Wohnung zu bieten hat. Also bieten Sie etwas: Eine Schale Katzengras. Gesicherte Frischluftsitzposten an Fenstern oder auf dem Balkon. Warme Liegeplätze an oder auf der Heizung. Freigeräumte Fensterbretter zu einer belebten Straße hin. Eine Laufplanke hinauf auf einen Schrank oder eine Rennstrecke aus Brettern von Regal zu Regal. Schlafhöhlen in luftiger Höhe. Ein Sammelsurium von baumelndem und kullerndem Spiel-

Eine Katze aus zweiter Hand

Für ein liebevolles Zuhause ist es nie zu spät

Auf die putzigen Kätzchentage müssen Sie verzichten, oder sie bleiben Ihnen erspart, je nachdem wie man das sehen möchte. Eine reife Katze kommt kaum mit Hurra-Gemaunze ins neue Heim, sondern auf vorsichtigen Pfoten. Vielleicht sitzt sie tagelang verschüchtert in einer Ecke. Es ist möglich, daß Sie viel Geduld mitbringen müssen, um das Vertrauen einer älteren Katze zu gewinnen.

Vielleicht erleben Sie nur wenige Jahre gemeinsam, wenn Sie sich für eine ältere Katze entscheiden. Solche Tiere müssen manchmal wegen Tod des Halters ins Tierheim und leiden dort sehr. Auch wenn die Zeit kurz ist, es ist etwas Besonderes, das Herz einer alten Katze zu erobern.

Je mehr Sie über ihre Vergangenheit wissen, desto besser: Vorbesitzer oder das Tierheimpersonal können einiges über die Katze erzählen. Fragen Sie danach, wie viele Halter sie bereits hatte, ob sie sich mit anderen Katzen verträgt oder lieber als Einzeltier lebt, ob sie Freilauf gewohnt war oder mit einer Wohnungshaltung zufrieden ist, ob sie andere Heimtiere, speziell Hunde, gern mag, ob sie Kinder gewohnt ist oder nicht.

Selbst wenn Sie nichts über die Katze in Erfahrung bringen können, wagen Sie es trotzdem. Denn jeder Versuch ist eine Chance zum Glück. Manche Tierheimkatze bekommt niemals eine solche Chance. Und wer jemals eine Second-Hand-Katze „aufgetaut" hat, wird sich vielleicht nie wieder ein Jungtier wünschen.

Kratzmöbel gibt es für jedes Wohndesign in vielen Farben.

zeug. Eine Kiste oder Schachteln mit Schlupflöchern zum Erforschen und Verstecken. Ein selbstgenähtes Kuschelkissen, gefüllt mit Wiesenheu, getrockneten Küchenkräutern oder Katzenminze, die im Fachhandel auch als Catnip angeboten wird.

Können Sie der Katze einen sicher eingezäunten Garten oder ei-

Checkliste: Einkauf

- ○ Reisekorb oder -tasche: 15 bis 30 €
- ○ Kratzbaum: 45 bis 400 €
- ○ Kratzbrett: 10 bis 15 €
- ○ Zimmereckenschoner: ca. 15 €
- ○ Kuschelbett: 10 bis 50 €
- ○ Zwei Näpfe: ab 4 €
- ○ Futterautomat: 25 bis 50 €
- ○ Katzentoilette: 10 bis 60 €
- ○ Katzenmineralstreu (10 l): ca. 5 €
- ○ Katzenklappe: 15 bis 40 €
- ○ Balkonnetz: 40 bis 100 €
- ○ Fensternetz: ca. 10 €
- ○ Fenstereinsatz: ca. 60 €
- ○ Kippfenstersicherung: ca. 20 €
- ○ Halsband mit Leine: 10 bis 15 €
- ○ Brustgeschirr: 10 bis 15 €
- ○ Lauf-Roll-Leine: 10 bis 15 €
- ○ Gehege (1,5 x 1,5 m): ca. 200 €
- ○ Grundnahrung (200 g): ab 0,40 €
- ○ Katzendrops (1000 St.): ca. 15 €
- ○ Katzengras, Saatschale: ca. 3 €
- ○ Vitaminpaste (200 g): ca. 10 €
- ○ Katzenmilch (200 ml): ca. 2 €
- ○ Vitaminflocken (200 g): ca. 4 €
- ○ Pflegebürste: ca. 5 €
- ○ Katzenkamm: 5 bis 10 €
- ○ Krallenzange: 5 bis 10 €
- ○ Floh-Zecken-Halsband: 4 bis 10 €
- ○ Tier-Fieberthermometer: ca. 7 €
- ○ Spielmaus (1 Stück): 2 bis 5 €
- ○ Catnip-Säckchen: ca. 5 €
- ○ Catnip-Spielzeug: 2 bis 5 €

nen Balkon als Spielraum anbieten, finden Sie sicher noch viel mehr Möglichkeiten, Attraktionen zu schaffen. Je nach Platz läßt sich ein Teich oder ein kleiner Springbrunnen einrichten oder ein Baumhaus, ein echter Sandkasten statt Katzentoilette sowie ein eigenes Kräuterbeet zum Riechen und Wohlfühlen. Mit einer Katzenklappe in der Balkontüre kann die Mieze, sooft sie will, Frischluft tanken. Diese Anschaffung wird ihr sicherlich gefallen. Was Sie sonst alles für Katzen kaufen oder benötigen, vom Futter über Pflegeartikel bis hin zum Flohhalsband, finden Sie auf Seite 40.

Viele Extras braucht die Katze nicht vom ersten Tag an. Sie können nach und nach Ihre Wohnung katzenfreundlicher gestalten und durch eigene Ideen ergänzen.

Eingewöhnung

Am ersten Tag in ihrem neuen Zuhause wird die Katze von all dem ohnehin kaum etwas bemerken. Viel zu ungewohnt ist allein die neue Umgebung. Wenn Sie das oder die Kätzchen nach Hause holen, überlassen Sie es ihnen, wie schnell sie die Wohnung erkunden wollen. Suchen Sie einen ruhigen Tag aus, und nehmen Sie sich ein paar Tage Urlaub, um das Tier nicht gleich

Dank Maschendraht den Duft der weiten Welt genießen.

wieder für Stunden allein lassen zu müssen. Dann staffieren Sie den Transportkorb mit einem warmen Tuch und einem Catnip-Kissen aus und bringen die Katze darin in ihr neues Zuhause. Schön ist es, wenn der Korb von einer zweiten Person auf dem Schoß gehalten wird. Fahren Sie allein im Auto, vergessen Sie nicht, den Behälter mit dem Sicherheitsgurt anzuschnallen. Zu Hause angekommen, stellen Sie diesen in einem ruhigen Zimmer auf den Boden und machen ihn auf. Jungkätzischer Abenteuergeist treibt den oder

Gefahren im Haushalt

So schützen Sie Ihre Katze vor Unfällen im Haus

- Kippfenster können eine tödliche Falle für Ihre Katze werden. Beim Versuch hinaus- oder hinein(!)zuspringen, bleiben Katzen sehr leicht stecken und ersticken im schlimmsten Fall. Daher ist es wichtig, entweder niemals ein Fenster zu kippen oder einen speziellen Kippfensterschutz zu montieren. Man bekommt ihn im Fachhandel.
- Pflanzen sind häufig sehr giftig. Efeu, Wolfsmilchgewächse, Weihnachtssterne, Oleander und vieles mehr muß man wegräumen, bevor die Katze einzieht. Auch aus Blumenvasen dürfen Katzen nie trinken.
- Waschmaschine, Trockner, Spülmaschine, Ofenklappe, Müllschlucker, Plastiktüten niemals offenstehen lassen.
- Herd, Bügeleisen, Kaminfeuer, Kerzen, einfach alles, was heiß ist, nie unbeaufsichtigt lassen.
- Zigaretten, Zündhölzer, Putzmittel, Medikamente, Dünger, Insektengift, Alkohol, Kosmetikartikel, kleine, verschluckbare oder spitze Gegenstände, Kakteen, Scheren, Nadeln, scharfkantige Gegenstände, Messer und Werkzeuge aller Art aus Katzenreichweite bringen.
- Offene, glatte Treppen, Galerien, Geländer, Fenster, Balkone so sichern, daß Katzen nicht hinunterfallen können.
- Bei sehr aktiven Katzen sind Kindersicherungen in die Steckdosen zu setzen.
- In Schwingtüren können sich Katzen einklemmen. Besser ist, sie durch andere Türen zu ersetzen.
- Nippesfiguren, die beim Herumtoben von Katzen von Schränken fallen können, räumt man besser vorher weg.

die Neuankömmlinge ziemlich schnell aus ihrer Höhle heraus. Bei älteren oder schüchternen Katzen kann es eine ganze Weile dauern, bis die Neugier überhandgenommen hat. In diesem Fall gehen Sie Ihrer normalen Tätigkeit nach. Setzen Sie sich nicht vor den Korb, um das Tier zu beobachten. Das empfinden Katzen nicht als angenehm, sondern vielmehr als aggressiven Übergriff auf ihre Person. Stellen Sie ganz in die Nähe einen Napf mit dem gewohnten Futter, eine Schale Wasser und, davon möglichst weit entfernt, aber im selben Zimmer, das Katzenklo. Im Laufe der ersten beiden Tage plazieren Sie diese Gegenstände vor den Augen der Katze dorthin, wo sie dauerhaft stehen sollen.

Konfrontieren Sie die Katze nicht gleich mit allen Schrecknissen, die Ihre Wohnung zu bieten hat (Hund, Kleinkind, Papagei, Staubsauger, Waschmaschine etc.). Beobachten Sie Ihr neues Familienmitglied, und entscheiden Sie dann, wenn es zufrieden und furchtlos wirkt, die nächste Hürde zu nehmen.

Lassen Sie dem Neuankömmling von Anfang an nichts durchgehen, was Sie nicht dulden wollen:

Viele Zimmerpflanzen sind giftig.

Sitzen auf dem Tisch, Kratzen und Beißen in die Hand, Attacken auf die Beine, Zerfetzen von Blumen, Krallenschärfen am Sofa, und verhindern Sie, daß das Tier Freilauf kennenlernt, wenn es diesen später nicht immer genießen kann oder darf. Auch eine bereits erwachsene Katze wird die meisten Spielregeln akzeptieren, wenn Sie nur konsequent bleiben. Die größte kätzische Hartnäckigkeit werden Sie erleben, wenn es um Freilauf geht, aber auch um den Zugang zum Schlafzimmer. Einmal im Bett, immer im Bett. Da spielen sich nächtelange Dramen ab, bis normalerweise der Mensch nachgibt. Am besten verschließen Sie also von Anfang an Ihre Schlafzimmertür, und zwar auch tagsüber. Vom hygienischen Standpunkt jedoch ist nichts dagegen einzuwenden, die Mieze ins Bett zu lassen, sofern sie gepflegt, geimpft und auf Parasiten kontrolliert ist.

Katzen sind erfinderisch, wenn sie etwas wollen.

Liebe geht durch den Magen

Das Wichtigste über Katzenfutter

Naßfutter, Dosenfutter	Grundnahrung für die meisten Katzen. Es gibt viele Sorten im Angebot. Sie enthalten alle wichtigen Nährstoffe. Naßfutter immer nur zimmerwarm füttern und keine Reste stehenlassen.
Premium-Futter	In Aluschälchen angebotenes, sehr proteinreiches Futter.
Junior/Senior-Nahrung	Für bestimmte Altersgruppen optimal zusammengestellte Dosennahrung.
Diätfutter	Gibt es zum Abspecken, bei Nierenerkrankungen, für magenkranke Katzen, bei chronischem Durchfall, Diabetes und anderen Beschwerden.
Trockenfutter	Es kann als Hauptnahrung gefüttert werden. Die Katzen müssen dabei sehr viel Wasser trinken. Der Vorteil: Reste verderben nicht.
Milch, Sahne	Wird häufig schlecht vertragen und führt zu Durchfall. Wasser ist besser.
Mäuse	Alleinfutter für Streunerkatzen, nährstoffreich, zumeist ungefährlich.
Gras	Wird von manchen Katzen gern zur Magenreinigung gefressen.
Rindfleisch	Mögen Katzen am liebsten roh, sollte aber nur gekocht gefüttert werden.
Schweinefleisch	Finger weg davon in jeder Form. Es kann tödliche Viren enthalten.
Huhn und Fisch	Das mögen Katzen gern. Aber beides muß immer gekocht gefüttert werden.
Drops, Vitamine	Heißgeliebt, aber nur bei Mangelerscheinungen wirklich nötig.

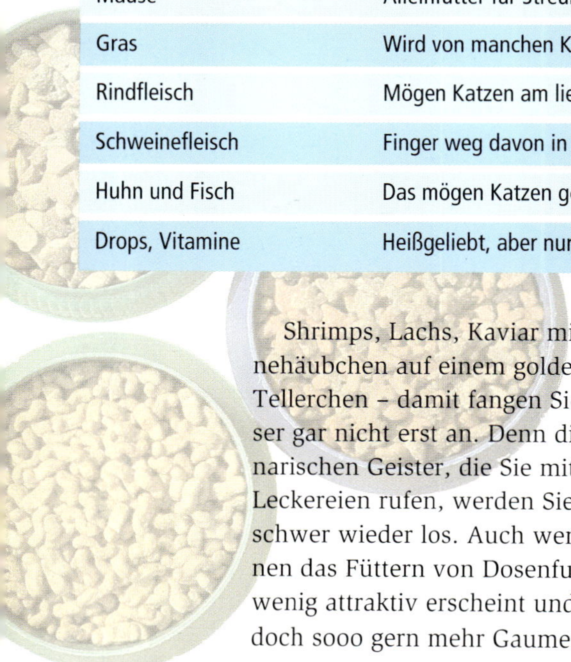

Shrimps, Lachs, Kaviar mit Sahnehäubchen auf einem goldenen Tellerchen – damit fangen Sie besser gar nicht erst an. Denn die kulinarischen Geister, die Sie mit diesen Leckereien rufen, werden Sie nur schwer wieder los. Auch wenn Ihnen das Füttern von Dosenfutter so wenig attraktiv erscheint und Sie doch sooo gern mehr Gaumenkitzel bieten wollen, das Selberkochen ist nicht unbedingt empfehlenswert. Denn dann müssen Sie sehr genau auf die für Katzen richtige Zusammensetzung von Eiweiß, Kohlenhydraten, Ballaststoffen, Mineralien, Vitaminen und Spurenelementen achten, um Ihre Katze gesund und ausgewogen zu ernähren. Wenn Sie Katzennahrung trotzdem unbedingt selbst zubereiten möchten: Im Buchhandel finden Sie eine Reihe von Fachbüchern zur Ernährung von Katzen.

Weniger zeitaufwendig ist es, handelsübliches Dosenfutter oder Trockenfutter zu servieren. Junge Kätzchen fressen höchstens eine halbe 200-Gramm-Dose Juniornahrung täglich, und das verteilt über fünf Mahlzeiten. Im Laufe ihrer Entwicklung reduzieren Sie die Anzahl der Mahlzeiten auf zwei, nämlich Frühstück und Abendessen, wobei Katzen sehr häufig dann Appetit bekommen, wenn wir Menschen uns zu Tisch setzen. Bevor Ihnen die hungrig blickende Katze den eigenen Appetit beim Mittagessen verdirbt, füttern Sie die Tagesration von ein bis zwei 200-Gramm-Dosen in drei Mahlzeiten. Zwischendurchsnacks mit Trockenfutter und Drops sind kein Problem, solange Ihre Katze keine Speckröllchen ansetzt.

Gewöhnlich raten Tierärzte davon ab, irgend etwas vom eigenen Essen der Katze zu füttern. Und doch finden Sie kaum einen Katzenhalter, der seiner Katze nicht doch irgendwelche verbotenen Speisen heimlich zusteckt, wenn auch mit schlechtem Gewissen. Deshalb hier ein paar Tips fürs „verbotene" Füttern. Unbedingt verboten ist rohes Schweinefleisch. Vermeiden sollten

Der Futterplatz sollte an einer ruhigen Stelle in der Küche oder im Flur sein.

Die wichtigsten Nährstoffe

Welche Bestandteile muß das Futter haben?	
Ballaststoffe	Bestandteile der Nahrung, die unverdaut wieder ausgeschieden werden. Sie sind wichtig für die Verdauung.
Eiweiß/Protein	Katzen brauchen sehr viel Eiweiß, fast doppelt soviel wie Hunde. Besonders tierisches Eiweiß ist wichtig, da es die für Katzen nötige Aminosäure Taurin enthält.
Fett	Energiereserve für die Katze. Einige Fettsäuren sind wichtig für die Gesundheit von Haut und Haar. Ohne Fett können manche Vitamine nicht aus der Nahrung aufgenommen werden.
Kohlenhydrate	Stärke, enthalten z.B. in Getreide, Reis, Kartoffeln. Nur gekocht sinnvoll. Katzen brauchen wenig davon.
Mineralstoffe	Sie werden für viele Körperbereiche benötigt. Die wichtigsten sind Kalzium (Knochen, Zähne), Phosphor (Muskeln) und Eisen (Blut).
Vitamine	Bei zahlreichen Körperfunktionen sind Vitamine nötig. Die wichtigsten sind A (Augen), D (Nerven, Knochen), E (Haut), K (Blut).
Wasser	Muß immer bereitstehen. Besonders wichtig bei Trockennahrung.

Sie auch Wurst und Schinken. Rohes Schweinefleisch kann die für Katzen tödlichen Aujeszky-Viren enthalten. Da Schwein und Rind in den Fleischauslagen häufig in direktem Kontakt liegen, etwa beim Gehackten, kann auch Rindfleisch infiziert sein. Verzichten Sie deshalb auch auf das Füttern von rohem Rindfleisch. Schädlich sind gesalzene und gewürzte Speisen, alles, worin Alkohol enthalten ist, zum Beispiel Weincreme, ferner Süßigkeiten, roher Fisch und ungekochtes Huhn.

Leibspeisen wie Bratfisch, ein paar Nudeln mit Soße, Reis mit Huhn, ein Bröckchen Butterkäse, der Rest vom weichgekochten Ei, ein ausgeleckter Joghurtbecher, Hefestollen mit Butter schaden in klei-

Sie fressen begeistert Gras, nur um es dann mit verschluckten Haaren zu erbrechen.

Je mehr Nahrungsmittel Jungkatzen kennenlernen, desto weniger heikel werden sie.

nen Mengen nicht. Bedenken Sie aber, daß solche Leckereien direkt „in die Hüfte gehen". Ist Ihre Katze schließlich zu füllig geworden, wird sie wenig Verständnis zeigen, wenn sie von heute auf morgen auf diese Leckerchen verzichten soll.

Füttern Sie direkt vom Tisch, müssen Sie damit rechnen, die nächsten 15 Jahre beim Essen von einer Katze angeschmachtet zu werden. Wer Bettelei nicht ausstehen kann, füttert seine Katze nach dem Essen, und zwar aus dem Napf. Das gleiche gilt für die Selbstbedienung hungriger Vierbeiner in der Küche oder auf dem Eßtisch. Herrschen Sie den Futterdieb mit einem barschen „Nein" an, und verbannen Sie ihn aus der Küche oder aus dem Zimmer. Natürlich dürfen Sie nicht gerade jetzt den Napf füllen oder dem Räuber ein Drops zur Versöhnung anbieten. Das wäre ja eine schöne Belohnung für eine „Straftat"!

Für jede Katze kauft man einen eigenen Trink- und Wassernapf, sinnvollerweise auch ein Plastikset zum Draufstellen. Zu trinken bekommen Katzen immer Wasser. Milch und Sahne sind als Zusatzleckereien anzusehen, abgesehen davon, daß einige Katzen auf Kuhmilch Durchfall bekommen, weil sie den darin enthaltenen Milchzucker nicht vertragen. In diesem Fall können Sie auf eine speziell für Katzen hergestellte Cat-Milk zurückgreifen.

Futter von draußen

Wenn Freilaufkatzen kleine Nager oder leider auch einmal einen Vogel fressen, schadet das in den seltensten Fällen. Was Katzen nicht vertragen, würgen sie wieder hoch, und wenn es auf Ihrem Teppich ist, ärgern Sie sich nicht, sondern seien Sie froh, daß das unverdauliche Zeug heraus ist. Als „Brechhilfe" fressen manche Katzen daher Gras.

Gepflegt von Kopf bis Fuß

Wenn Sie eine Katze auswählen oder zu sich nehmen, achten Sie vor allem auf diese Merkmale:

1

Klare Augen. Austretende Tränenflüssigkeit, ein getrübter Blick oder ein vorgeschobenes drittes Augenlid, eine sichtbare sogenannte Nickhaut, sind Anzeichen für eine Krankheit.

2

Sauberer Po. Ein verschmierter oder entzündeter Po bedeutet Durchfall, eine Darminfektion, Verstopfung oder Würmer.

Die optimale **Fellpflege** für eine Katze ist, von Kopf bis Schwanz mit nasser, rauher Zunge abgeschleckt zu werden, Zentimeter für Zentimeter. Knötchen oder hängengebliebener Schmutz werden vorsichtig herausgeknabbert, das Gesicht mit feuchter Pfote abgerubbelt. Und das Beste daran ist, daß die Katze das alles selbst macht. Die sprichwörtlich schlechte Katzenwäsche hat ihren Ruf zu Unrecht. Denn die geschilderte Prozedur reicht normalerweise bei einer Kurzhaarkatze völlig aus, um das Fell sauber und glänzend zu erhalten. Bei Perser- und Halblanghaarkatzen müssen Sie mit Kamm und Bürste nachhelfen, bei

3

Gesundes Fell. Kahle Stellen sind ein Alarmzeichen. Sie können eine Pilz-, eine andere Hautinfektion oder eine Mangelerscheinung als Ursache haben. Selten entstehen beim Fellwechsel kahle Stellen.

4

Saubere Ohren. Braune Pünktchen in der Ohrmuschel können Milben bedeuten. Häufiges Kopfschütteln und Kratzen am Ohr deuten auch darauf hin. Bei einer vorwiegend weißen Katze testen, ob sie hört.

5

Weiße Zähne. Viele Katzen haben heute Zahnstein, weil sie zuwenig feste Nahrung zerkauen. Braune Zähne sind die Folge, aber auch Entzündungen am Zahnfleisch.

Kurzhaartieren dürfen Sie das tun. Perserkatzen haben unter dem langen Deckhaar eine dichte und dicke Unterwolle, die leicht verfilzt und die man am besten täglich mit einem feinzinkigen Kamm bis zum Haaransatz gründlich durchkämmt. Für verfilztere Stellen nimmt man erst einen grobzinkigen Kamm.

Dicke Fellknoten muß man mit den Fingern auseinanderzupfen oder mit einer abgerundeten Kinderschere herausschneiden. Den letzten „Schliff" gibt man der Langhaar entweder mit einer Noppen-, einer Naturhaar- oder stumpfen Drahtbürste, die lockeres Haar entfernen. Kurzhaariges Fell bringen Sie zum Glänzen, wenn Sie es mit einem leicht feuchten Fensterleder abreiben. Alte oder sogar kranke Katzen sind dankbar für ein wenig „Nachhilfe“ in der Fellpflege.

Kontrollieren Sie in regelmäßigen Abständen die **Ohren**. Braune Körnchen in den Ohrmuscheln deuten auf Ohrmilben hin. Schüttelt die Katze häufig den Kopf, sollten Sie auf jeden Fall nachsehen.

Mit einem Kosmetiktuch müssen die **Augen** dann gewischt werden, wenn regelmäßig Tränenflüssigkeit austritt, wie bei vielen Perserkatzen.

Katzen, die täglich eine Maus zerbeißen, haben selten Probleme mit den **Zähnen**. Die moderne Katze, die Naßfutter frißt und Trockenfutter schlingt, statt zu kauen, bekommt Zahnstein oder Karies. Der Tierarzt wird beim jährlichen Impfbesuch immer einen Blick ins Maul der Katze werfen. Manchmal ist es nötig, den Zahnstein unter Narkose zu entfernen. Damit es nicht soweit kommt, bieten Sie der Katze gelegentlich etwas zu kauen an, zur Not einen Hundeknochen oder -stick. Manche mögen auch gern gekochte Rindergurgel. Ein Jungkätzchen läßt sich auch ans Zähneputzen gewöhnen.

Katzen reinigen sich die **Afterregion** selbst. Ist diese kotverschmiert, hat die Katze Durchfall und muß zum Tierarzt gebracht werden. Für eine Kotuntersuchung steckt man eine Probe davon in ein Tütchen. Die restliche Verschmutzung wischen Sie mit einem feuchten Tuch weg. Wenn Katzen mit dem Po auf dem Boden rutschen, sollten Sie den Kot ebenfalls unbedingt untersuchen lassen. Die Katze hat möglicherweise Würmer oder eine Analbeutelentzündung oder -verstopfung.

Lassen Sie die Katze regelmäßig auf innere und äußere Parasiten

Schnurr-Geheimnisse

Man kann es hören, man kann es fühlen, aber nicht erklären. Das Schnurren. Es entsteht irgendwo im Hals, im Kehlkopf. Die Katze schnurrt beim Ein- und beim Ausatmen, und das mit geschlossenem Maul. Ein Schnurrapparat, ein Schnurrorgan, eine „Schnurrdose" wurden bislang nicht gefunden. Und doch kennt jeder Katzenhalter den Einschalter: Ein bißchen Streicheln, und schon springt die Schnurrdose an. Aber nicht nur beim Wohlbefinden schnurrt eine Katze. Auch wenn sie krank ist, läßt sie's aus der Kehle leise brummeln. Warum, kann nur vermutet werden. Man glaubt, sie will den Halter oder ihre Jungtiere damit beschwichtigen. Schnurren ist buchstäblich einzigartig. Nur Kleinkatzen beherrschen es. Die Großkatzen können dafür brüllen.

(Würmer, Flöhe, Zecken, Läuse, Haarlinge, Pilzbefall) durchchecken. Ist sie außerdem gegen alle gängigen Krankheiten einschließlich Tollwut geimpft, brauchen Sie keine Angst zu haben, daß Ihnen Ihre Samtpfote „zu nahe" kommt. Nur eine Schwangere sollte, sofern sie nicht gegen den Toxoplasmoseerreger immun ist, allzu engen Kontakt mit dem Tier meiden, um das Neugeborene nicht zu gefährden. Das tägliche (!) Reinigen des Katzenklos soll sie einem anderen überlassen. Obwohl nur mehrere Tage alter Kot ansteckend ist.

Freilaufkatzen sollten immer ein **Flohhalsband** tragen. Läuft die Katze draußen herum, ist es außerdem wichtig, sie gegen Diebstahl zu sichern, indem sie eine Kennzeichnung bekommt. Der Tierarzt kann sie am Ohr **tätowieren**, am besten unter Narkose, etwa gleichzeitig mit dem Kastrieren, oder ihr einen **Microchip** unters Fell setzen. Da

Die Katzenwäsche hat zu Unrecht einen schlechten Ruf. Meistens reicht sie völlig aus.

man diesen von außen nicht sieht, sollten Freilaufkatzen trotzdem immer ein Halsband tragen oder tätowiert sein. Diese Nummer wird vom Tierarzt registriert und der Adresse zugeordnet. Der Microchip teilt dem Lesegerät (bei Tierärzten und Tierheimen) gleich die ganze Adresse mit.

Besonders im Winter ist **Pfotenpflege** wichtig. Hinkt ein Tier, hat es sich entweder etwas in die Pfote getreten oder hat einen durch Streusalz und Splitt entzündeten Riß. Warmes Wasser und Eincremen mit Vaseline oder Melkfett können die Schmerzen lindern. Bei reinen Wohnungstieren ist es manchmal nötig, die **Krallen** zu kürzen. Freilaufkatzen laufen und wetzen sich die Krallen auf hartem Boden, an Brettern und Zäunen ab. Einem Teppichbodentiger, der sich mit den Krallen in den Schlingen verfängt oder auf Fliesenboden zu klappern beginnt, müssen die Krallen vom Tierarzt gekürzt werden.

Showschönheiten

Sie werden gebadet, geföhnt, gepudert und salonmäßig aufgeputzt und ernten doch von vielen Katzenfreunden keine Bewunderung, sondern Mitleid. Dem Tier selbst ist vermutlich das eine wie das andere ziemlich egal. Denn es kennt diese Prozedur von Babybeinen an. Katzenschönheiten bekommen für den

Laien vielleicht ein bißchen zuviel an Fellpflege. Aber sie sind wenigstens in Topform. Denn nur eine gesunde Katze kann einen Preis bei einer Ausstellung gewinnen, und das ist das Ziel jedes Ausstellers. Die Tiere werden nach Rassekriterien beurteilt, die Züchter tauschen Erfahrungen aus und knüpfen neue Kontakte mit Menschen, die ihr Hobby teilen. Der ganze Showrummel erschreckt unwissende Besucher oft sehr. Ein verwilderter Hinterhofstreuner würde dort auch sicherlich vor Angst büschelweise Haare verlieren. Championmiezen hingegen sind den Rummel jedoch gewöhnt, und die vielen Leute, die sie anstarren, lassen sie völlig cool.

Kleiner Rechtsratgeber

Artgerechte Katzenhaltung in der Wohnung kann vom Vermieter nicht verboten werden. Diese Ansicht setzt sich allmählich als Rechtsauffassung durch, so daß Vermieter gar nicht mehr gefragt werden müssen, wenn man sich eine Katze zulegen will, selbst dann nicht, wenn im Mietvertrag ein Verbot oder ein Erlaubnisvorbehalt steht. Voraussetzung ist, daß die Katze nur in der Wohnung lebt und von ihr keine Belästigungen ausgehen. Auf die Allergie eines Nachbarn muß man auch keine Rücksicht nehmen, denn der kann sich von der Katze fernhalten. Wer seinen Balkon mit Netz sichern will, muß den Vermieter fragen, wenn der Balkon auf der Schmuckseite des Hauses liegt. An der Rückfront darf dieser es nicht verbieten.

Eine gesunde Katze putzt sich täglich ausgiebig.

Freilauf kann nicht nachträglich ohne Begründung vom Vermieter verboten werden.

Auch in der Eigentumswohnung kann Katzenhaltung nicht verboten werden, es sei denn durch einstimmigen Beschluß. Die Mehrheit reicht aus, um die Zahl der Katzen zu begrenzen. Mehr als zwei Tiere sind dann selten erlaubt. Hat ein Vermieter Freilauf gestattet, kann er diesen nicht ohne Begründung widerrufen. Gelegentliche Häufchen im Vorgarten muß er dulden. Wenn Richter entscheiden müssen, ob ein Zustand für Nachbarn oder die Hausgemeinschaft zumutbar ist, zieht er das „ortsübliche Maß“ als Norm heran. Das kann dann, wenn viele Katzen draußen herumlaufen, zu einem ganzen oder teilweisen Freilaufverbot führen. In der Regel aber muß ein Nachbar dulden, daß Katzen seinen Garten besuchen, auch einmal im Beet wühlen, „Pfotentapper“ oder tote Mäuse hinter-

● ● ● TIP ● ● ●

Sollten Sie einen Rechtsstreit wegen Ihrer Katzen führen wollen oder müssen, nehmen Sie sich einen Anwalt, und besorgen Sie selbst Vergleichsfälle mit Aktenzeichen. Die Autorin ist Ihnen mit ihrem umfangreichen Archiv und persönlichen Kontakten gern behilflich und kann Ihnen vielleicht auch einen auf Tierfragen spezialisierten Anwalt in Ihrer Nähe nennen.

Verträge und Versicherungen

So schützen Sie sich vor unerwarteten Kosten und Ärgernissen

Schäden, die die Katze angerichtet hat, muß der Halter bzw. seine Privathaftpflichtversicherung bezahlen. Sie übernimmt auch Schmerzensgeld. Was die Gesellschaften häufig ablehnen, sind Schäden in Mietobjekten, also der Mietwohnung, aber auch in einem Hotelzimmer oder Mietwohnmobil.

Kaufverträge macht man schriftlich und vermerkt jede mündliche Vereinbarung. Schließt der Züchter jede Haftung aus, Finger weg von der Katze. Die gesetzliche Haftung besagt, daß der Verkäufer ein Tier, das bei Übergabe nachweislich krank war, zurücknehmen muß.

Krankenversicherungen für Katzen schützen vor hohen unvorhergesehenen Tierarztkosten.

Sitterverträge sichern Katzenhalter und den Tierhüter ab, für den Fall, daß durch die Katze oder sie selbst ein Schaden entsteht. Auch die Pflegepauschale wird darin festgelegt.

lassen. Bei nachgewiesenen Schäden kann er Schadensersatz verlangen, zum Beispiel neue Fische im Teich, wenn die Katze den Besatz herausgeangelt hat. Eine Neulackierung seines Autos kann er nicht verlangen, nur weil die Katze ab und zu auf dem Autodach sitzt. Gutachten haben bewiesen, daß eine Katzenkralle nicht hart genug ist, um einen intakten Autolack anzukratzen.

Zum Problem für Freilaufkatzen können auch Kinderspielplätze werden. Nachbarn müssen nicht dulden, daß die Katzen den Sand verschmutzen.

Freilauf gewähren Sie Ihrer Katze auch prinzipiell auf eigene Gefahr. Ein Jäger darf jede Katze erschießen, die 200 bis 300 Meter, je nach Landesjagdgesetz, vom nächsten Haus entfernt ist. Eine Fundmeldung muß er nicht machen, das gilt auch für einen Autofahrer, der eine Katze totfährt. Wenn Ihnen allerdings eine Katze zuläuft, dann müssen Sie den Fund beim Tierheim melden. Ein halbes Jahr später gehört die Katze dem Finder. Meldet sich bis dahin der eigentliche Eigentümer, kann man von ihm Pflegegeld für die Zeit verlangen.

Wenn eine Katze etwas haben will, fordert sie dies mit lauter Stimme. Fehlt ihr etwas, dann bleibt sie stumm, leidet still und zieht sich eher zurück, als zu jammern. Sogar eine sterbende Katze kann noch mit Schnurren den Ernst der Lage verschleiern. Deshalb ist es bei Katzen wichtig, körperliche Veränderungen und Verhaltensauffälligkeiten zu erkennen und sofort nach den Ursachen zu forschen.

Natürlich gesund

So bleibt Ihre Katze gesund

Die gesunde Katze

Wenn sich eine Katze wohlfühlt, dann...

- glänzt ihr Fell.
- hält sie mühelos ihr Gewicht.
- hat sie Hunger und frißt und trinkt die normale Menge.
- hat sie eine Körpertemperatur von 38,0 bis 39,0° C.
- putzt sie sich selbst.
- kommt sie zum Schmusen.
- läßt sie sich zum Spielen auffordern.
- streckt sie sich im Tiefschlaf aus.
- hat sie eine normale Verdauung.
- zeigt sie Interesse, wenn Besuch kommt.

Gezielte tiermedizinische Gesundheitsvorsorge, ausgewogene Ernährung, artgerechte Pflege und Beschäftigung sowie die regelmäßige Reinigung von Futter- und Trinknäpfen bzw. der Katzentoilette sind wichtige Maßnahmen, die viele Krankheiten gar nicht erst entstehen lassen.

Gesund oder krank?

Eine Krankheit erkennen Sie nicht nur an den äußeren Merkmalen, die auf Seite 48/49 vorgestellt wurden. Auch ein verändertes Verhalten kann ein körperliches Unwohlsein anzeigen. Gerade innere Erkrankungen und chronische Zustände, wie etwa ein bösartiger Tumor oder zunehmendes Nierenversagen, werden manchmal erst spät erkannt, weil die einzigen Anzeichen häufig nur darin bestehen, daß die Katze vermehrt trinkt und ruhiger oder ein wenig appetitlos wird, was meist nicht gleich Anlaß zur Sorge bereitet. Viele Katzen sind im Winter träger als im Sommer. Alte Katzen lassen in ihren Aktivitäten deutlich nach. Beobachten Sie Ihre Katze genau, wenn sie ihr Verhalten verändert, ohne daß Sie einen Grund dafür erkennen.

Rundum gesund – artgerechte Haltung ist eine wichtige Gesundheitsvorsorge.

Freilaufkatzen sind größeren Gefahren ausgesetzt als Wohnungskatzen. Sie kommen mit Verletzungen durch Autos oder Katzenkämpfe nach Hause, sie können einen Giftköder verschluckt haben, mit Steinen beworfen worden sein oder sich eine Scherbe in die Pfote getreten haben. Wohnungskatzen verletzen sich dagegen eher durch verschluckte Kleingegenstände, verwickeln sich in Schnüre, verbrennen sich auf heißen Herdplatten oder vergiften sich an Pflanzen. Diesen Verletzungen kann man jedoch vorbeugen (siehe Seite 42). Viele Infektionen lassen sich durch Impfungen (siehe Seite 64) ebenfalls ausschließen. Die regelmäßige Vorsorge gegen Parasiten wie Flöhe, Zecken, Läuse, Milben, Haarlinge und Würmer ist besonders für Freilaufkatzen wichtig. Aber auch Wohnungskatzen können sich bei anderen Heimtieren anstecken oder sich durch rohen Fisch mit Würmern infizieren. Auch rohes Fleisch kann eine lebensgefährliche Krankheit übertragen (Seite 65). Deshalb darf Fleisch nur gekocht gefüttert werden.

Die wichtigsten Krankheitsanzeichen und die Ursachen, die dahinterstehen können (aber nicht müssen), finden Sie im Kasten Seite 60. Scheuen Sie sich nicht, sofort einen Tierarzt aufzusuchen. Lieber einmal

Bei diesen Symptomen sofort zum Tierarzt

- Die Katze sitzt apathisch herum, spielt nicht mehr, frißt nur wenig oder gar nicht mehr und interessiert sich nicht mehr für das Geschehen um sie herum, miaut plötzlich weniger als zuvor oder

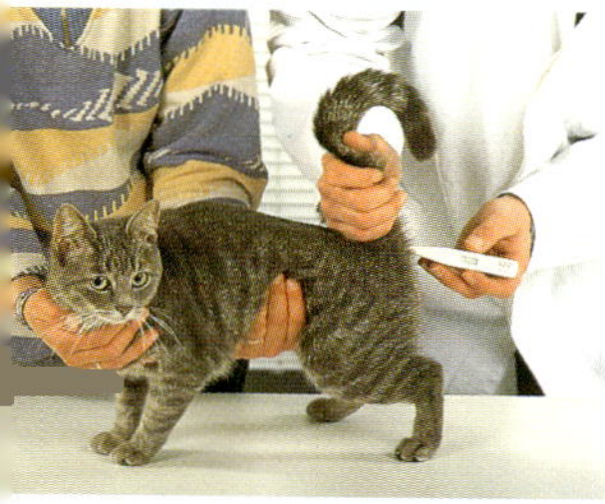

mehr als sonst. Sie ist unsauber. Denken Sie an Fieber, eine Infektion oder eine Vergiftung. Messen Sie Fieber mit einem Digitalthermometer. Ein Digitalthermometer mißt schneller als ein normales Quecksilberthermometer. Normal sind 38,0 bis 39,0 °C. Fetten Sie das Thermometer mit etwas Vaseline ein, und führen Sie es vorsichtig in den After ein. Eine zweite Person kann eine unruhige Katze dabei festhalten. Bei unter 38 °C und über 39,5 °C unbedingt zum Tierarzt!
- Das Fell wirkt stumpf. Sie verliert viele Haare, hat kahle Stellen im Fell, tränende Augen, dunkelrotes Zahnfleisch. Sie putzt sich zuwenig. Die Haut ist schlaffer als sonst. Denken Sie an Hautparasiten, eine Mangelerscheinung, Zahnweh, eine chronische Erkrankung oder eine Allergie. Stumpfes Fell und nachlassende Aktivitäten können auch eine Alterserscheinung sein.
- Der Po ist kotverschmiert, die Katze hat Durchfall, sie miaut auf der Toilette, scharrt oft ohne Ergebnis in der Streu, geht häufig ins Kistchen. Sie hat einen wackligen Gang, läuft verkrümmt, erbricht sich oft. Denken Sie an Verstopfung, Würmer, eine Darmerkrankung oder Vergiftung. Nehmen Sie eine Kotprobe mit zum Tierarzt.
- Sie magert stark ab, trinkt sehr viel, wird teilnahmslos, ist unsauber, miaut beim Wasserlassen, geht häufig auf die Toilette, der Urin ist blutig. Denken Sie an eine Blasen- oder Nierenerkrankung.
- Sie hinkt, bewegt sich kaum, läßt sich nicht mehr anfassen oder hochheben, springt nicht mehr nach oben. Denken Sie an Verletzung, Stauchung, Prellung, eingetretene Scherbe, aber auch an innere Erkrankungen.
- Sie kratzt und leckt sich häufig, schüttelt den Kopf, rutscht auf dem Po. Denken Sie an Parasiten und Allergien.
- Tränende Augen, vorgeschobene Nickhaut, feuchte Nase, Niesen, Husten. Denken Sie an eine Erkältung und an Katzenschnupfen.

zu viel als einmal zu wenig. Findet der Tierarzt nichts und das Problem besteht weiter, gibt es zwei Möglichkeiten: Es hat eine rein psychische Ursache, oder der Tierarzt hat die Erkrankung nicht gefunden. Bei Apathie, Unsauberkeit, häufigem Lecken und Sichkratzen oder plötzlicher Aggressivität gegen den Halter können sowohl psychische (Streß, Angst, Depression, Frust, Langeweile, Eifersucht etc.) als auch körperliche Ursachen (Schmerzen, Krebsleiden, Nahrungsmittelallergien etc.) dahinterstehen. Es ist ratsam, in solchen Zweifelsfällen auch naturheilkundlichen und tierpsychologischen Rat einzuholen.

Eine kranke Katze braucht viel Wärme und Ruhe. Schützen Sie sie vor aufdringlichen Kindern und Hunden. Schaffen Sie ihr ein ruhiges Krankenlager, stellen Sie ihr Futter und Wasser daneben, ebenso ihre Katzentoilette. Sprechen Sie mit ihr, testen Sie, ob sie ein wenig Fellpflege als angenehm empfindet und wieviel Streicheleinheiten sie möchte. Bieten Sie ihr immer wieder Vitamindrops an, sofern der Tierarzt dies nicht verboten hat. Beobachten Sie unbedingt, wieviel Ihre Katze trinkt. Ein Tier, das länger als 24 Stunden keine Flüssigkeit zu sich nimmt, muß dringend zum Tierarzt. Sonst besteht die Gefahr der Austrocknung (Exsikkose) und des Nierenversagens.

Katzen haben ein 3. Augenlid, die sog. Nickhaut. Bei Müdigkeit wird die Nickhaut im nasalen Augenwinkel leicht sichtbar (siehe Foto). Eine mehr oder weniger weit vorgeschobene Nickhaut (Nickhautvorfall) deutet auf eine Krankheit hin.

Beim Tierarzt

Wenigstens einmal im Jahr muß jeder Katzenhalter mit seiner Mieze zum Tierarzt. Diese Gelegenheit wird in der Regel zu einem kompletten Gesundheitscheck genutzt, auch wenn dem Tier auf den ersten Blick nichts fehlt. Günstig ist es, eine Kotprobe mitzunehmen und auf Wurmbefall untersuchen zu lassen. Viele Tierärzte raten zur routinemäßigen Entwurmung, andere bestehen darauf, wirklich festzustellen, ob das Tier befallen ist.

Beachten Sie bei der Pflege Ihrer kranken Katze stets die Gebrauchs- und Dosierungsanweisung der Medikamente, und fragen Sie im Zweifelsfall noch einmal Ihren Tierarzt

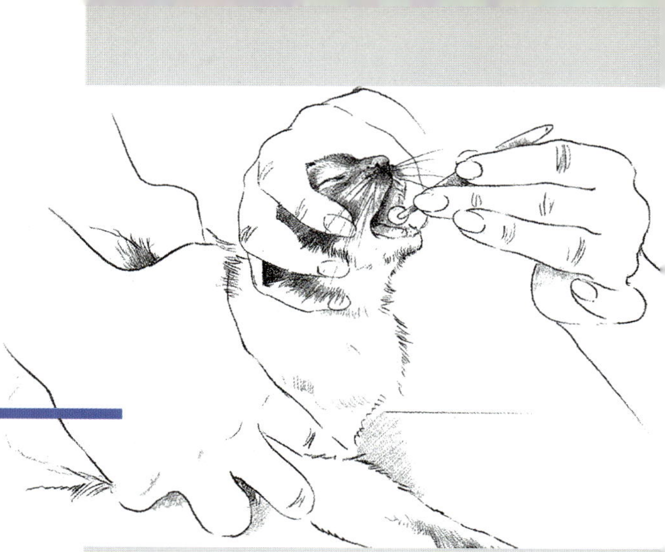

1

Tabletten schiebt man mit einer stumpfen Pinzette tief in den Rachen und hält der Katze anschließend das Maul zu. Sie können auch etwas Futter zu einem Bällchen formen und die Pille hineindrücken.

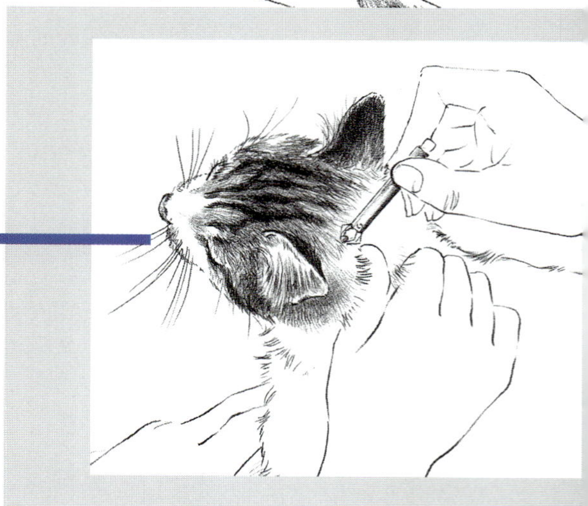

2

Mit einer Zeckenzange, die Sie überall im Zoofachhandel kaufen können, drehen Sie die lästigen Plagegeister vorsichtig heraus. Geben Sie auf keinen Fall Öl o. ä. auf die Zecke (Borreliosegefahr!).

Äußere Parasiten wird man eher noch schwerer los: Es ist nötig, das Tier mit entsprechendem Puder einzustäuben oder in übelriechendem Badezusatz zu waschen. Diese Prozedur muß mehrfach wiederholt werden, aber das muß sein, da praktisch alle äußeren Parasiten auch auf den Menschen übertragbar sind.

Am einfachsten entfernt man Zecken (siehe oben). Bei Flöhen müssen alle Aufenthaltsorte der Katze, Polsterritzen, Schlafkissen, Teppichböden etc. besprüht werden, sogar in den Staubsauger muß man Entflohungsmittel geben. Ein guter Tierarzt hält das richtige Mittel mit den nötigen Informationen jederzeit bereit. Beim jährlichen Check wird er das Fell genau untersuchen, die

3

Vorsichtig tropft man das Medikament ins Ohr. Durch leichtes Kneten des Ohrgrunds verteilen sich die Ohrentropfen besser. Wenn sich die Katze beim Festhalten wehrt, hüllen Sie sie in ein Badetuch. Dann sind Sie vor den Krallen geschützt.

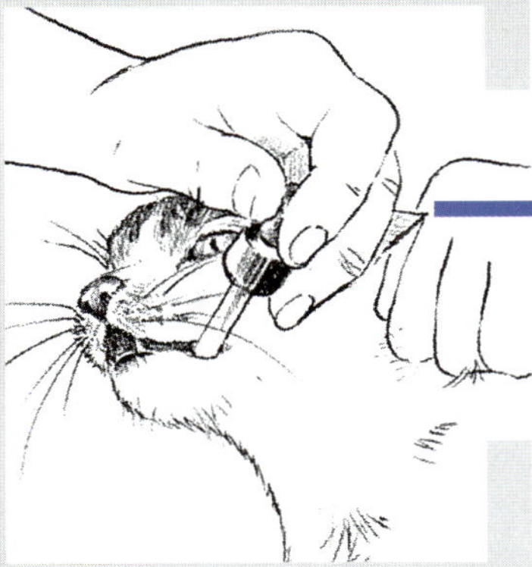

4

Tropfen gibt man mit einer Pipette am besten direkt in den Maulwinkel. Halten Sie Ihre Katze im Nackenfell fest.

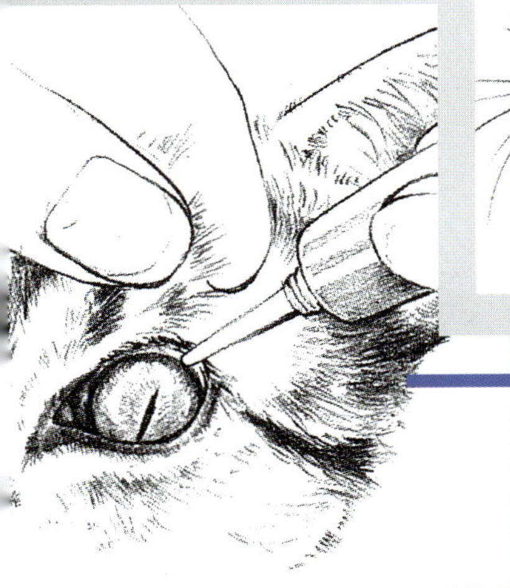

5

Vorsicht am Auge! Augensalben und -tropfen gibt man unter das Oberlid. Ziehen Sie das Oberlid vorsichtig hoch. Halten Sie die Katze gut fest.

Ohren auf Milbenbefall begutachten, der Katze ins Maul sehen, ob Zähne und Zahnfleisch gesund sind, und er wird sie gegen die üblichen Infektionskrankheiten impfen (Impftabelle siehe S. 64). Manche Wirkstoffe müssen jährlich, andere in zweijährlichem Turnus gespritzt werden. Daher ist es für den Tierarzt nötig, daß Sie den Impfpaß dabei haben. Für einen Aufenthalt im Ausland, in der Katzenpension oder bei einer Show müssen die Impfungen eingetragen sein.

Die gefährlichsten Krankheiten

Folgende gefährliche Krankheiten sollten Sie kennen:

Katzenseuche (FPV, Panleukopenie, Parvovirose): Die Anstek-

Impf- und Vorsorge-Check

Impfplan

- ○ Katzenseuche: Grundimmunisierung zwischen der 8. und 14. Lebenswoche. Auffrischung 1- bis 2-jährlich, je nach Impfstoff.
- ○ Katzenschnupfen: Grundimmunisierung zwischen der 8. und 14. Lebenswoche. Auffrischung jährlich.
- ○ Tollwut: Grundimmunisierung zwischen der 12. und 14. Woche. Auffrischung jährlich.
- ○ Leukose: Grundimmunisierung zwischen der 9. und 13. Lebenswoche (2 Injektionen im Abstand von 3 bis 4 Wochen) bis zum 6. Monat. Auffrischung jährlich.
- ○ FIP: Grundimmunisierung im 4./5. Lebensmonat. (2 Injektionen im Abstand von 3 bis 4 Wochen) Auffrischung jährlich.

Gesundheitsvorsorge

- ○ Entwurmen: Bei nachgewiesenem Befall durch Kotuntersuchung. Sonst Freilaufkatzen alle 3 Monate, Wohnungskatzen jährlich.
- ○ Ohren, Zähne, Zahnfleisch, Augen, Fell, Haut und Allgemeinzustand: Tierärztliche Untersuchung bei Krankheitsanzeichen, sonst jährlich.
- ○ Krallen: Nur kürzen, wenn sie zu lang geworden sind und sich nicht auf natürlichem Weg abschleifen, z.B. bei alten Katzen.
- ○ Parasiten: Vorbeugung bei Freilaufkatzen gegen Zecken und Flöhe. Sonst Behandlung bei Befall.

Impfungen bieten erst nach 1 bis 2 Wochen ausreichenden Schutz!

kung erfolgt meist schon beim Jungtier. Symptome sind Verweigern von Nahrung und Wasser, Fieber, Durchfall, schneller körperlicher Verfall und Tod. Eine Therapie ist meist erfolglos, und wenn, dann dauert sie sehr lange. Die Impfung ist üblich.

Katzenschnupfen (Katzengrippe, FVR, FCH, FHV1). Symptome sind tränende Augen, Triefnase, Husten, Niesen, Bläschen und Geschwüre an der Mundschleimhaut. Diese Erkrankung wird gelegentlich chronisch und bleibt ansteckend. Eine Therapie mit immunstärkenden Mitteln wird empfohlen.

Bauchfellentzündung (FIP, Feline Infektiöse Peritonitis): Die Ansteckung erfolgt von Katze zu Katze, auch in der Wohnung. Die Katze bekommt Fieber, frißt nicht und stirbt in der Regel. Eine Impfung ist möglich.

Leukose (FeLV, Katzenleukämie): Die Katze infiziert sich durch andere Katzen. Ein Virusträger kann jahrelang ohne Symptome bleiben. Die Katze bekommt Fieberschübe, magert ab, hat häufig Infekte, wiederholte Verdauungsstörungen. Dagegen kann heute geimpft werden.

Katzenaids (FIV, Feline Infectious Immundeficiency): Nur Katzen stecken sich an. Bislang ist keine Impfung möglich.

Aujeszkysche Krankheit: Die Infektion erfolgt über rohes Schweinefleisch und selten auch über rohes Rind. Die Symptome sind Taumeln, Schluckstörungen, Juckreiz, Lähmungen mit qualvollem Tod.

Tollwut: Die Katze steckt sich bei einem infizierten Tier an. Die Krankheit zeigt sich in plötzlicher Aggressivität, Tage später stirbt sie unter starken Krämpfen. Alle Katzen sollten geimpft werden. Tollwut ist auf den Menschen übertragbar und verläuft tödlich, sofern man nicht sofort zum Arzt geht.

Die alte Katze

Mit zunehmendem Alter hört und sieht eine Katze schlechter, und ihr Geruchssinn wird schwächer. Ihre Bewegungen werden langsamer, das Ruhebedürfnis nimmt zu, und die Katze schläft mehr. Die meisten Katzen sterben in einem Alter zwischen 13 und 18 Jahren.

Seniorenmiezen schätzen Bequemlichkeit. Wie eine kranke Katze braucht auch die alte Mieze einen ruhigen, warmen Platz und möchte umsorgt werden. Katzenklo, Futter- und Wassernapf müssen so plaziert werden, daß Ihre Katze sie gut erreichen kann. Katzen ziehen sich im Alter leichter Nieren- oder Harnwegsinfektionen zu. Deshalb ist es wichtig, daß sie täglich eine ausreichende Menge trinken. Mit zunehmendem Alter sollten Sie die Ernährung Ihres Tieres umstellen. Im Zoofachhandel gibt es spezielle Seniorennahrung für Katzen. Erkundigen Sie sich vorher bei Ihrem Tierarzt. Zweimal im Jahr sollten Sie Ihre Katze nun vom Tierarzt durchchecken lassen. Kontrollieren Sie selbst regelmäßig die Mundhöhle auf ausgefallene Zähne, Zahnfleischerkrankungen und Entzündungen. Übler Mundgeruch ist ein Alarmsignal.

Leider müssen viele Halter ihre Katze einschläfern lassen. Ersparen Sie einem unheilbar kranken Tier unnötiges Leiden. Treffen Sie die Entscheidung nicht leichtfertig, sondern wohlüberlegt. Dann brauchen Sie sich später keine Vorwürfe zu machen. Bleiben Sie bis zuletzt bei Ihrer Katze. Streicheln Sie sie zärtlich und sprechen sie liebevoll mit ihr, während sie ganz sanft einschläft.

Gesund mit Naturheilverfahren

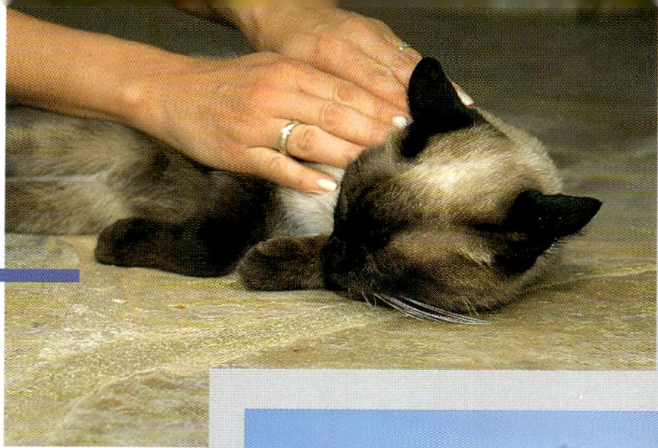

1 In den letzten Jahren überzeugen vor allem auch Verfahren, die auf heilenden Berührungen basieren. Dabei werden entweder Energiebahnen aktiviert (Akupressur), Verspannungen gelockert (Massage) oder seelisch-körperliche Blockaden gelöst (TTouch), wobei dies natürlich nur modellhafte Erklärungen sind und sich die Wirkungsweisen überschneiden.

2 Heilkräuter werden bei Katzen auf verschiedene Weise angewendet: Kräutertees, Kräutertropfen, Dragees, Kapseln, Tabletten oder Zäpfchen. Tees und Tropfen kann man unter das Lieblingsfutter der Katze mischen. Beispielsweise hilft Salbeitee bei Entzündungen der Mundschleimhaut. Der Tee wird mit einem Pinsel aufgetragen oder mit einer Spritze ins Maul gegeben.

3 Kräuter wie Baldrian (Foto) und Katzenminze (=Catnip) erzeugen bei Katzen absolutes Wohlbefinden. Sie schnüffeln daran, kauen darauf herum und wälzen sich darin.

Alternative Heilmethoden berücksichtigen das Zusammenspiel von Körper, Seele und Geist, sie basieren darauf, innere Harmonie herzustellen, seelische und körperliche Blockaden zu lösen. Zunehmend mehr Tierärzte integrieren heute auch alternative Heilverfahren wie Homöopathie, Pflanzenheilkunde, Bach-Blüten-Therapie oder chinesische Heilmethoden wie Akupressur und Akupunktur in ihre schulmedizinische Behandlungsformen. Im folgenden wird das Heilprinzip von Homöopathie, Bach-Blüten-Therapie und TTouch kurz vorgestellt. Dieser Überblick ersetzt natürlich weder kompetente tiermedizinische oder -therapeutische Beratung noch entsprechende Fachliteratur (Anhang).

4

Zunehmend bedeutsam in der Therapie von Katzen sind Bach-Blüten (siehe S. 70). Sie helfen besonders bei seelischen Leiden. Die ausgewählten Konzentrate (in der Regel ca. 6) werden für Katzen mit stillem Mineralwasser zubereitet und täglich 4mal 4 Tropfen ins Maul geträufelt. Im Bild: Cherry Plum ist auch Bestandteil der Rescue Remedy, der Notfalltropfen.

5

Katzen reagieren teilweise sehr intensiv auf Kräuter als Geruchsstoffe. Mit Aromen in der Duftlampe und Kräutersäckchen kann man schlappe Katzen anregen oder überaktive etwas beruhigen. Für das allgemeine Wohlbefinden können Sie ein Säckchen mit duftendem Wiesenheu, getrocknetem Catnip und Küchenkräutern wie Thymian, Salbei oder provençalischer Mischung füllen.

6

Der TTouch (siehe S. 72) hilft der Katze, sich zu entspannen. Sie wird ruhiger, Streß und Ängste werden abgebaut, Vertrauen und Intelligenz gefördert sowie körpereigene Kräfte aktiviert.

Homöopathie

Homöopathische Heilmittel basieren auf dem Prinzip Ähnliches mit Ähnlichem zu heilen, d. h. man verabreicht dem Patienten ein Arzneimittel, das in einer hohen Dosierung Symptome verursachen kann, die den vorhandenen Krankheitserscheinungen ähneln. Die Gesamtheit dieser Symptome nennt man

ProfiTip
von Dr. med. vet. Barbara Rakow

„Nur bei leichteren Erkrankungen können Sie Naturheilmittel selbst einsetzen, die frei von Nebenwirkungen bei einer den chemischen Arzneimitteln entsprechenden Wirksamkeit sind. Bleibt der Behandlungserfolg aus, müssen Sie unbedingt zum Tierarzt."

Kleine naturheilkundliche Hausapotheke

Medikament	Wirkung und Anwendung
Arnika	Bei frischen Wunden (äußerlich Arnika-Tinktur: 5 bis 10 Tropfen Tinktur mit 1 Eßlöffel Wasser verdünnen, mit einer getränkten Mullplatte Wunde und Wundränder reinigen; wundreinigend, heilungsfördernd, schmerzstillend). Bei schmerzhaften Blutergüssen (innerlich: Arnika D4 oder D6, 2- bis 3mal täglich 1 Tablette oder entsprechende Menge Globuli, äußerlich: Arnikasalbe; der Bluterguß löst sich schneller auf, Berührungsempfindlichkeit und Schmerzen lassen nach)
Calendula	Bei verschmutzten, älteren Wunden (äußerlich Calendula-Tinktur: Verdünnung und Anwendung wie bei Arnika-Tinktur; wundreinigend, desinfizierend, heilungsfördernd). Bei nicht zu tiefen Bißverletzungen (beide Bißstellen mit Calendula-Tinktur reinigen), bei tiefen Bißwunden unbedingt zum Tierarzt!
Nux vomica	Bei Verdauungsstörungen nach zuviel oder falschem Futter, wirkt krampflösend, sekretionsfördernd. Bei Verstopfung, Blähungen, schmerzhaft-hartem Bauch, gekrümmtem Rücken, Kotdrang (1 Dosis Nux vomica D6 alle 2 Stunden); bei Erbrechen, Durchfall, Blähungen, hartem Bauch, beim Gehen und Stehen mit nach oben gekrümmtem Rücken (1 Dosis Nux vomica D6 2- bis 4mal täglich)
Sulfur	Bei Hauterkrankungen, verzögert eintretendem Fellwechsel, zu lange dauerndem Fellwechsel, stumpfem Fell, fettigem und verfilztem Haar; die Unterwolle löst sich schlecht; es bilden sich Schuppen; die Katze hat Juckreiz und riecht stark (1 Dosis Sulfur D12 1mal täglich während 5 bis 10 Tagen).
Käutertees	Bei nicht-eitrigen Rachen- und Mandelentzündungen hilft eine Teemischung: 15 g Eibischwurzel, 15 g Honigklee, 10 g Huflattichblätter, 10 g Salbeiblätter, 10 g Süßholzwurzeln, 15 g Leinsamen: 2- bis 3mal täglich als Getränk reichen oder mit einer Plastikspritze spülen. Bei Zahnfleischentzündung helfen Spülungen mit Salbeitee.
Bach-Blüten	Notfalltropfen (Rescue): In allen Situationen, in denen Schmerzen, Angst, Streß, Aufregung auftreten, z. B. Unfälle, Schock, Raufereien, Transport im Auto, Reisen, Geburt etc. Dosierung: erwachsene Katzen bekommen 4 Tropfen pro Gabe. Je akuter der Notfall, desto häufiger verabreichen, z. B. alle 10 bis 15 Min., bis es dem Tier besser geht, danach halbstündlich bis stündlich. Im Notfall müssen Sie mit der Katze unbedingt zum Tierarzt!

Arzneimittelbild. Das richtige homöopathische Arzneimittel findet der Therapeut, indem er Krankheitsbild und Arzneimittelbild vergleicht. In homöopathischen Arzneien sind u. a. tierische Bestandteile, Pflanzen und Mineralien enthalten. Aus dem Ausgangsstoff wird eine sog. Urtinktur hergestellt, die nach einem bestimmten Verfahren verdünnt und geschüttelt wird. Man bezeichnet dies als Potenzierung. Durch die Potenzierung wird die Wirksamkeit erhöht, und die Selbstheilungskräfte des Körpers werden angeregt. Bei D-Potenzen erfolgt die Verdünnung in Zehnerschritten. Eine D1 beispielsweise enthält die Urtinktur im Verhältnis 1:10 zu dem Alkohol, mit dem sie verdünnt wurde, eine D2 im Verhältnis 1:100 etc. Man unterscheidet tiefe (D1 bis D8), mittlere (ca. D9 bis D20) und hohe Potenzen (ab D21). Homöopathische Mittel sind frei von Nebenwirkungen und in verschiedenen Darreichungsformen in der Apotheke erhältlich.

ProfiTip
von Dr. med. vet. Barbara Rakow

Dosierung homöopathischer Mittel

„1 Dosis für eine erwachsene Katze entspricht in allen Potenzstufen: 5 Tropfen Dilution (Flüssigkeit) oder 1 Tablette oder 1 Messerspitze Trituration (Pulverform mit Milchzucker) oder 5 Globuli (Kügelchen mit Milchzucker). Welpen erhalten nur 1/2 Dosis. Wie oft die Dosis verabreicht wird, hängt von der Erkrankung, dem Zustand der Katze, dem Mittel und der Potenz ab. Grundsätzlich gilt als allgemeine Orientierungshilfe: Bei akuten Erkrankungen und tiefen Potenzen i. a. 1–3x tägl., bei subakuten, chronischen Veränderungen 1x tägl., bei chronischen Erkrankungen und Hochpotenzen verabreicht man das Mittel in seltenen Einzelgaben."

Aromatherapie mit der Duftlampe hilft Energieblockaden zu beseitigen, wirkt entspannend und krampflösend. Die Öle von Rose, Kamille und Lavendel eignen sich gut für Katzen.

38 Bach-Blüten mit einigen Schlüsselsymptomen fü

1. Agrimony	Hilft Katzen, sich nicht zu überfordern	21. Mustard
2. Aspen	Für schreckhafte Katzen	22. Oak
3. Beech	Für aggressive Katzen und Protestpinkler	23. Olive
4. Centaury	Stärkt unterwürfige und kränkelnde Katzen	24. Pine
5. Cerato	Stärkt unterwürfige, unentschlossene Tiere	25. Red Chestnut
6. Cherry Plum	Mindert Wutattacken aggressiver Katzen	26. Rock Rose
7. Chestnut Bud	Hilft, aus schlechten Erfahrungen zu lernen	27. Rock Water
8. Chicory	Mäßigt allzu aufdringliche, nervige Katzengemüter	28. Scleranthus
9. Clematis	Bei Trägheit	29. Star of Bethlehe
10. Crab Apple	Wirkt übertriebenem Sauberkeitsdrang entgegen	30. Sweet Chestnut
11. Elm	Bei körperlicher und seelischer Erschöpfung	31. Vervain
12. Gentian	Für übervorsichtige, mutlose, scheue Katzen	32. Vine
13. Gorse	Gibt neuen Mut	33. Walnut
14. Heather	Bei zu großem Anlehnungsbedürfnis	34. Water Violet
15. Holly	Bei extremer Eifersucht bis hin zur Aggressivität	35. White Chestnut
16. Honeysuckle	Hilft gegen Heimweh und große Trauer	36. Wild Oat
17. Hornbeam	Stärkt den Lebenswillen und die Antriebskraft	37. Wild Rose
18. Impatiens	Bei Unruhe, Spannung und Gereiztheit	38. Willow
19. Larch	Für schüchterne, unterwürfige Katzen	
20. Mimulus	Mildert Überempfindlichkeit und Ängste	Rescue Remedy

…e Katze

…Venn die Katze trübsinnig oder depressiv wirkt
…rotz Erschöpfung fordert sich die Katze weiter
…ei totaler Erschöpfung
…bertrieben schuldbewußte, unterwürfige Katzen
…ei extremer Anhänglichkeit
…ilft Panikattacken zu überwinden
…ilft starre Verhaltensmuster aufzulösen
…ängt Stimmungsschwankungen ab
…ilft, ein seelisches Trauma zu verarbeiten
…ibt verzweifelten Katzen neuen Lebensmut
…ei Hyperaktivität
…egen Katzen-Tyrannen
…ilft Veränderungen besser zu verarbeiten
…lacht Einzelkatzen verträglicher
…indert übergroße Unruhe und Nervosität
…ei Zerstörungswut, Langeweile, wenig Ausdauer
…ei völliger Apathie und innerer Kapitulation
…ilft in schwierigen, ungeliebten Situtationen
…otfalltropfen: siehe S. 68. Kombination aus Nr. 6, …, 18, 26, 29 für alle kleinen und großen Notfälle

Bach-Blüten-Therapie

Der engl. Arzt und Bakteriologe Dr. Edward Bach (1886 bis 1936) begründete die heute so populäre Behandlungsmethode (S. 67). Grundlage war die Ansicht, die eigentliche Ursache von Erkrankungen sei der negative Gemütszustand des Patienten. Der Patient wird Bachs Ansicht nach dann wieder gesund, wenn das seelische Gleichgewicht wiederhergestellt ist. In den wässrigen Auszügen von 37 Blüten und in reinem Quellwasser entdeckte Bach die Heilkräfte, mit denen eine ganzheitlich Behandlung möglich war. Auch auf Tiere läßt sich diese Therapie anwenden: Negative Seelenzustände werden harmonisiert, Verhaltensstörungen schwinden, körpereigene Selbstheilungskräfte werden aktiviert. Bach-Blüten können bedenkenlos auch mit anderen Medikamenten kombiniert werden.

ProfiTip

von Bach-Blüten-Expertin Gisela Kraa

„Mischungen kann man in Apotheken zubereiten lassen. Setzen Sie nicht mehr als 6 Blüten gleichzeitig ein. Die Auswahl setzt eine genaue Beobachtung der Katze voraus. Man verabreicht die Tropfen solange, bis der Seelenzustand völlig harmonisiert ist."

Der TTOUCH

Die Grundbewegung ist ein mit dem Finger mit sanftem Druck ausgeführter 1 1/4 Kreis auf der Haut im Uhrzeigersinn von 6-Uhr bis 8-Uhr. Der Daumen liegt dabei als Verbindung dem Fell auf. Machen Sie stets nur einen Kreis auf einer Stelle. Danach gleitet die Hand in Fellrichtung weiter. Atmen Sie dabei stets gleichmäßig.

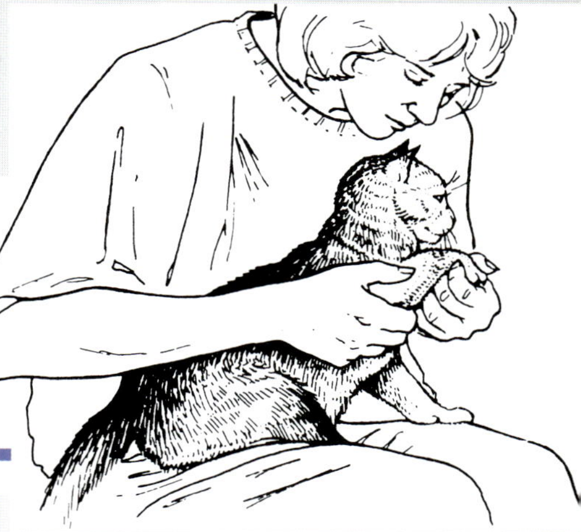

Kleine Kreise mit dem Daumen um die Pfotenballen herum sind ratsam bei nervösen Katzen, bei Katzen, die sich ungern die Krallen schneiden lassen oder die Tendenz haben, zu aggressiv zu spielen.

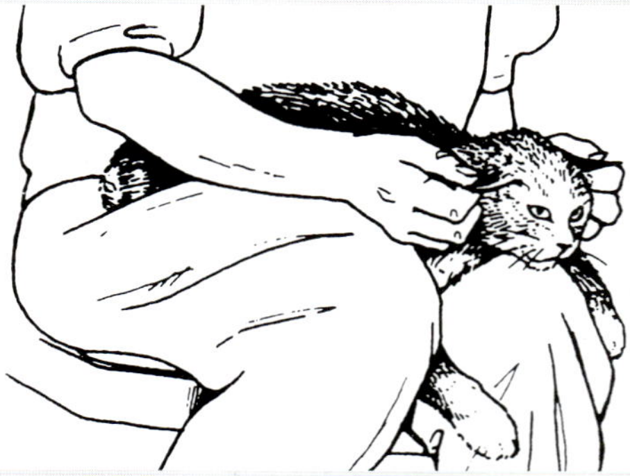

Am Ohr sitzen Akupunkturpunkte für den ganzen Körper. Streichen Sie die Ohren sanft zwischen Daumen und Zeigefinger aus: von der Mitte des Kopfes über die Ohrbasis bis zur Ohrspitze.

Linda Tellington-Jones hat buchstäblich den Dreh raus, z. B. eine fauchende, um sich beißende Kratzbürste mit geschickten Berührungen dazu zu bringen, sich ganz entspannt im Schoß auszustrecken. Dort gibt sich das Tier einem Wohlgefühl hin, auf das man beinahe neidisch werden könnte. Diese Behandlung wirkt zunächst merkwürdig: Die Haut wird im Kreis herumgeschoben, auf dem Zahnfleisch werden Kreise gemacht, die Beine werden hin und her bewegt, die Ohren ausgestrichen. Und die Katze läßt sich alles gefallen. Beim sogenannten Tellington-Touch oder TTouch lösen sich Spannungen körperlicher und emotionaler Art. Das Tier entspannt sich und ist trotzdem aufmerksam. Im deutschsprachigen Raum wird der TTouch in Seminaren gelehrt (Adresse siehe Anhang). Wenn Sie den TTouch lernen möchten, können Sie sich zunächst mit Hilfe des Buches: „Der neue Weg

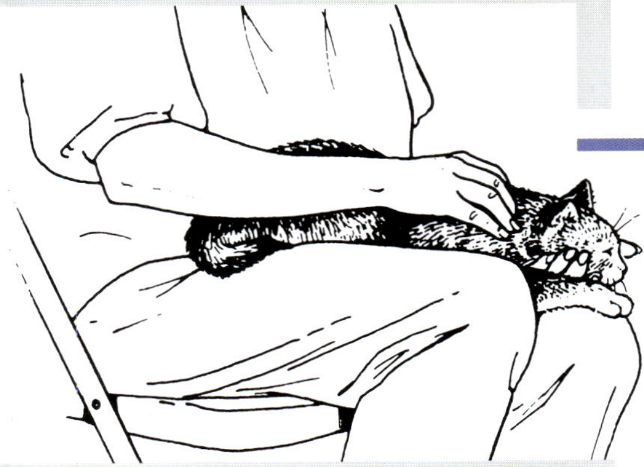

So wird die Katze bei der Grundtechnik gehalten. Jeder Kreis sollte ein bis zwei Sekunden dauern. Führen Sie die TTouches mit sanftem Druck aus. Achten Sie auf eine gleichmäßige Geschwindigkeit, daß der Kreis wirklich rund ist, und daß Sie ruhig und gleichmäßig atmen.

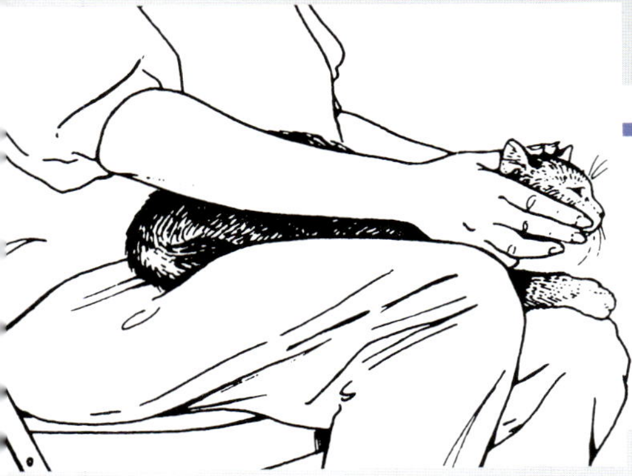

Für die Maularbeit beginnen Sie das Maul von vorne über die Schnurrhaare nach hinten auszustreichen

im Umgang mit Tieren“ von Linda Tellington-Jones, die Grundbegriffe aneignen. Beobachten Sie dabei die Reaktionen Ihrer Katze, variieren Sie gegebenenfalls die Geschwindigkeit und Druckstärke der Kreise. Manchmal dauert es ein bis zwei Sitzungen, bis sich das Tier entspannt und die TTouches genießt. TTouch vertieft die Beziehung zwischen Mensch und Tier. Nervöse, scheue oder aggressive Katzen werden selbstsicherer und freundlicher.

ProfiTip

von TTouch-Expertin Linda Tellington-Jones

Jeder kann es lernen

„Ich rede mit den Tieren mit beruhigender Stimme und dehne die Worte wie „guuut“. Das verlangsamt automatisch meine Atmung und Bewegung und macht mich sicher. Das Tier spürt das und spiegelt meine Sicherheit wider. Spannungen bauen sich ab.“

Erste Hilfe

Erste Hilfe für Katzen

Halten Sie für den Notfall stets die Telefonnummer Ihres Tierarztes bereit!

- Bleiben Sie ruhig und nähern Sie sich vorsichtig! Die Katze könnte aus Furcht oder vor Schmerzen beißen oder kratzen.
- Ist die Katze bewußtlos?
- Kontrollieren Sie die Atmung! Legen Sie die Hand flach auf den Brustkorb, und fühlen Sie die Atembewegung!
- Fühlen Sie den Puls an der Innenseite des Oberschenkels dicht am Oberschenkelknochen (siehe Abb.)!
- Legen Sie eine bewußtlose Katze in die rechte Seitenlage. Der Kopf soll tiefer als der Körper liegen. Erbrochenes oder Blut kann dann aus dem Maul abfließen.
- Ziehen Sie die Zunge seitlich aus dem Maul. Das erleichtert die Atmung. Kontrollieren Sie die Maulhöhle auf Fremdkörper, und beseitigen Sie diese!
- Hat die Katze Wunden oder Blutungen? Legen Sie bei schweren Blutungen (Arterienblutung: leuchtend rotes Blut tritt stoßweise mit dem Pulsschlag aus der Wunde) einen Druckverband an! Nicht abbinden! Drücken Sie eine Mullkompresse auf die Wunde, ca. 30 Sek. stark drücken, dann elastische Binde anbringen.
- Blasses oder weißes Zahnfleisch, schneller, flacher Atem und kalte Pfoten, ohne daß schwere äußere Blutungen auftreten, deuten auf Schock oder innere Blutungen hin. Halten Sie die Katze mit einer Decke o. ä. warm.
- Fahren Sie sofort zum Tierarzt!

Bleiben Sie im Notfall stets ruhig! Dann können Sie die Notfallsituation richtig einschätzen und Ihrer Katze gezielt helfen. Ihre Verfassung überträgt sich auf die Katze. Die Telefonnummer Ihres Tierarztes und die einer Vertretung, auch für das Wochenende und die Nachtstunden, sollten Sie stets griffbereit haben. Verwenden Sie bei Unfällen den Autoverbandskasten, wenn Sie nichts anderes zur Hand haben. Üben Sie Handgriffe wie Puls fühlen, Verband anlegen etc., dann fühlen Sie sich im Notfall sicherer.

Nach einem **Unfall** müssen Sie zunächst die Unfallstelle sichern. Beobachten Sie die Katze: Ist sie bei Bewußtsein? Sieht man Blut, gibt es sichtbare Wunden oder Glied-

Transportieren Sie eine verletzte Katze vorsichtig in einem festen Behältnis, z. B. einem Korb.

maßenfehlstellungen? Ist die Atmung ruhig oder flach? Ist die Katze aggressiv? Bevor Sie die Katze anfassen, bedenken Sie, daß sie in diesem Ausnahmezustand beißen oder kratzen kann. Sprechen Sie sie ruhig an und streicheln Sie sie dann vorsichtig. Lagern Sie das Tier warm, und bringen Sie es aus der Gefahrenzone. Bei **Blutungen** deckt man die Wunde mit einem Verband ab. Legen Sie ein nicht fusselndes Tuch oder Wundgaze auf die Wunde, besonders an den Gliedmaßen muß man breitflächig polstern. Verwenden Sie Polsterwatte und sichern Sie den Verband durch eine elastische Binde, mit der auch etwas Druck aufgebaut werden kann. Stark verunreinigte Wunden lassen Sie den Tierarzt säubern! Auch Fremdkörper lassen Sie in der Wunde stecken und vom Tierarzt beseitigen! Hat die Katze **Fremdkörper** oder **Gift** aufgenommen, müssen Sie sofort zum Tierarzt! Geben Sie dem Tier kein Brechmittel! Bei Vergiftungsverdacht sind folgende Punkte wichtig: Welches Gift (Verpackung mitbringen)? Wann aufgenommen? Welche Symptome sind wann aufgetreten? Es gibt keine typischen Symptome einer Giftaufnahme! Alarmsignale können sein: Teilnahmslosigkeit, die Nickhaut ist vorgefallen (siehe S. 61), Erbrechen, Durchfall, Speicheln, Zittern, Schleimhautreizungen, gerötete Haut, erschwerte Atmung, Schmerzen, Bewegungsstörungen, Krämpfe, Kreislaufzusammenbruch.

Insektenstiche verursachen meist starke Schwellungen. (Eisbeutel auflegen). Bei allergischen Reaktionen und bei Stichen im Nasen-Rachen-Raum(Erstickungsgefahr!) sofort zum Tierarzt!

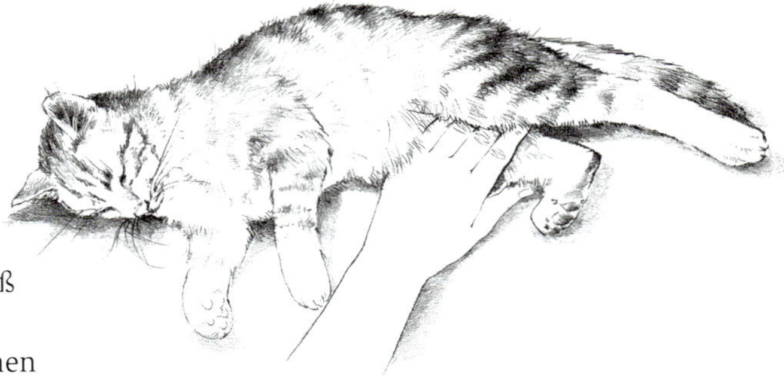

Der Puls läßt sich an der Innenseite des Oberschenkels tasten. Fühlen Sie den Pulsschlag mit dem Mittelfinger. Normal sind ca. 120 bis 140 Schläge/Min. Die normale Atemfrequenz liegt bei 20 bis 30 Züge/Min.

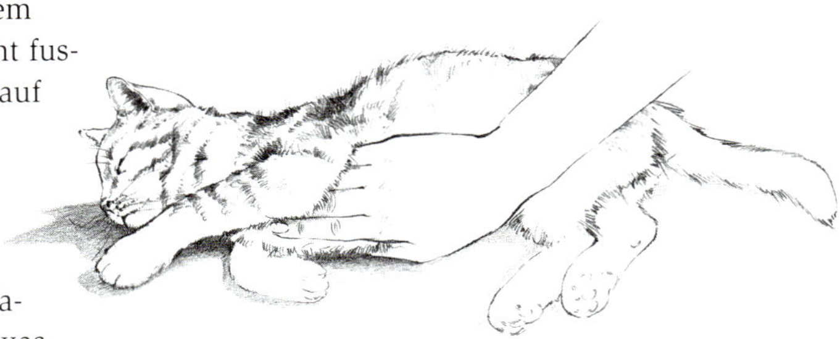

Den Herzschlag tasten Sie auf der linken Körperseite am Brustkorb auf Höhe des Ellbogengelenkes.

Die Sache mit dem Nachwuchs

Kastration oder heiße Affären?

Was Sie auf dem großen Bild hier sehen, ist genau das, was etwa 65 Tage später zu einem Wurf von zirka drei bis fünf Katzenkindern führt. Eine unkastrierte Freilaufkatze bringt unweigerlich alle sechs Monate einen Wurf zur Welt. Ein verantwortungsbewußter Halter wird daher die Flut unerwünschter Jungtiere durch eine Kastration verhindern. Bereits der erste Wurf ist unnötig. Die Ansicht, eine Katze sollte wenigstens einmal Junge haben, ist längst widerlegt. Man läßt den Eingriff am besten nach der ersten Rolligkeit (so nennt man die befruchtungsfähigen Tage) vornehmen. Einen Kater kastriert man dagegen am günstigsten kurz vor seiner Geschlechtsreife mit etwa neun Monaten bis einem Jahr.

Kampf der Geschlechter

Die Paarung zweier Katzen sieht fast wie ein Kampf aus: Der Kater verbeißt sich ins Nackenfell und wird nach vollbrachter Tat mit wütenden Bissen und Hieben verjagt. Damit hat er sein „Soll" erfüllt. Das Weitere bleibt dem Weibchen überlassen.

Es ist soweit

Tage vor der Geburt der Kätzchen wird die werdende Mutter in der Wohnung nach einer Wurfhöhle Ausschau halten. Manche Kätzinnen nehmen ein Angebot vom Halter an, andere bekommen ihre Jungen mitten auf dem Bett. Das blutverschmierte Wurflager wird häufig bald durch ein

Die Paarung sieht mehr nach Kampf als nach Liebesspiel aus.

anderes ersetzt. Die Kätzin packt jedes Junge am Nackenfell und trägt es in ein neues Nest. Katzenforscher interpretieren diesen Umzug als Angst der Katze vor einem feindlichen Angriff.

Normalerweise schafft eine Kätzin Geburt und Aufzucht allein. Sie trennt die Nabelschnüre mit den Zähnen durch und frißt die Nachgeburten. Dann leckt sie alle Kätzchen sauber, die noch blind sind, aber instinktiv den Weg zur Zitze finden. Die Katzenmutter schleckt ihnen nach jeder Mahlzeit die Bäuche, dies ist für die Verdauung der Kleinen wichtig. Bei Flaschenaufzucht muß diese Massage der Halter übernehmen.

In den ersten Tagen verläßt die Katzenmutter das Nest höchstens ganz kurz, um zu fressen oder auf die Katzentoilette zu gehen. Man kann sie nun unterstützen, indem man ihr hochwertige Nahrung und reichlich frisches Wasser anbietet.

Hingebungsvolle Mutterschaft

So versorgt eine Kätzin ihre Jungen

1

Mit einem solchen Nackengriff trägt eine Katzenmutter ihre Jungen ins Nest zurück. Sie geht sofort auf Suche, wenn sie ein Jungtier außerhalb des Wurflagers nach ihr fiepen hört.

2

Monatelang läßt die Mutterkatze die Jungtiere an den Zitzen trinken. Ab der sechsten Lebenswoche beginnen sich die Kleinen für feste Nahrung zu interessieren.

3

Der Jagdinstinkt einer Katze ist angeboren. Das Jagdgeschick und das Töten der Beute aber lernt ein Kätzchen von seiner Mutter.

Rasante Entwicklung

Ein gesundes Katzenjunge nimmt wöchentlich etwa 100 bis 130 Gramm zu. Ab dem 5. Tag öffnen sich die Augen, die bei Kätzchen zunächst immer blau sind. Im Alter von zwei Wochen sollte der Wurf zum erstenmal entwurmt werden. Sind die Kleinen drei Wochen alt, kann man ihnen ein eigenes Kistchen mit flachem Eingang anbieten. Und im Alter von etwa fünf Wochen beginnen sie, sich für den Napf der Mutter zu interessieren. Das ist der richtige Zeitpunkt, ihnen spezielle Babynahrung anzubieten. Langhaartiere werden auch jetzt zum erstenmal vorsichtig gebürstet. Mit sieben Wochen sollten die Kleinen erneut entwurmt werden und dann bis zur 11. Lebenswoche die

4

Bei gemeinsamen Ausflügen mit ihrer Mutter lernen die Katzenkinder die Welt und ihre Gefahren kennen und damit umgehen.

5

Wohin mit dem Nachwuchs? Eine Katzenmutter schickt ihn einfach weg. Ein Halter muß neue Plätze für die Kätzchen suchen. Und das bei einer unkastrierten Freilaufkatze alle sechs Monate wieder!

ersten Impfungen erhalten. Schon jetzt ist eine Grundimmunisierung gegen Katzenseuche, Katzenschnupfen und Leukose vorgesehen. Eine Wiederholung ist zwischen der 12. und 14. Woche nötig.

Die Erziehung der Jungen liegt ganz in den mütterlichen Pfoten. Sie lehrt ihren Nachwuchs vieles: vom Töten der Beute bis hin zu den Feinheiten kätzischen Sozialverhaltens. Deshalb sollten Jungtiere auch möglichst nicht vor der 12. Lebenswoche von ihrer Mutter getrennt werden. Die Kätzin zeigt dem übermütigen Nachwuchs, wann der Spaß aufhört und der Ernst anfängt. Sie ohrfeigt ein Kätzchen, das zu heftig mit ihrem Schwanz gespielt hat. Je älter die Kleinen werden, desto mehr Ohrfeigen bekommen sie, bis sie etwa im Alter von einem halben bis spätestens einem Jahr von der Mutter ganz verjagt werden.

Den Charme einer Katze machen ihr liebevolles Wesen und ihre Verschmustheit aus – und ihre lustigen Kapriolen. Hat sie ihre „verrückten fünf Minuten", dann geht die große Sause los. Einem tolpatschigen Katzenkind beim Hetzen, Fangen, Toben und Jagen zuzusehen reizt zum Mitmachen. Es lernt in Spiellaune eine Menge freiwillig. Nützen Sie diese wertvollen Minuten, es wird Ihnen sicherlich Spaß machen.

Spiel & Spass

Welcher Spieltyp ist Ihre Katze?

Der Raufbold

Sein Charakterbild: Er hat Spaß an der stürmischen Hetzjagd quer durch die Wohnung. Er verwickelt sich gern mit einem Spielkameraden in ein wildes Knäuel und lebt nach dem Motto: Pack schlägt sich, Pack verträgt sich. Er kuschelt nämlich genausogern, wie er rauft. Mit „Beute" taktiert er nicht, sondern er traktiert sie – am liebsten mit den Hinterpfoten – und zerfetzt sie mit der Zeit völlig.

Seine Stärken: Wenn seine Rauflust befriedigt ist, neigt er wenig dazu, aus Langeweile Gegenstände kaputtzumachen, solange man ihm nicht Nippesfiguren in den Fluchtweg stellt. Er bewegt sich viel und neigt nicht zum Dickwerden.

Seine Schwächen: Der Raufer übertreibt leicht und erkennt nicht, wann der Spaß ein Ende haben muß. Er entwickelt sich leicht zum Tyrannen. Daher muß man ihn immer etwas bremsen, wenn er es zu toll treibt. Strafe ist nicht ratsam. Beenden Sie das Spiel konsequent durch eine leichte Dusche aus der Blumenspritze oder einen Türknall.

Der Jäger und Sammler

Sein Charakterbild: Er spielt besonders gern mit Gegenständen. Die Objekte seiner Spielbegierde sind vielfältig: Schnüre, Bällchen, Korken, Fellmäuse und vieles mehr. Er wittert überall in der Wohnung Beute, unter dem Vorhang, unter der Bettdecke, zwischen dem Badewannenschaum. Alles, was sich bewegt, wird bepfotelt oder mit dem Mäuselsprung „getötet". Unter dem Schrank findet sich mit der Zeit ein Sammelsurium an Exbeutegegenständen ein, und so manches Verlorengeglaubte, vom Hosenknopf bis zur goldenen Uhr, taucht dort mit einem Mal wieder auf.

Seine Stärken: Sein Spiel ist lustig anzusehen, und er fügt normalerweise niemandem Schmerzen zu.

Seine Schwächen: Er braucht ständig neues Spielzeug. Er versteckt und verschlampt es am laufenden Band und verlangt, daß man ihm seine Bälle unter dem Schrank hervorholt. Er klaut wichtige Dinge: Nichts ist vor ihm sicher, und manches taucht erst kaputtgespielt wieder auf.

Der Tüftler

Sein Charakterbild: Er setzt seinen Grips gern dazu ein, Türen zu öffnen, Futterschachteln zu plündern und gute Verstecke ausfindig zu machen.

Seine Stärke: Er erfindet viele Spiele selbst.

Seine Schwächen: Er braucht immer wieder neue Angebote, etwas erkunden zu können, beispielsweise eine alte Pappschachtel. Er entwickelt leicht Unarten wie Klauen, und er könnte durch Bewegungsmangel dick werden. Gewichtsproblemen sollten Sie gezielt vorbeugen.

Katzenspiele ohne Grenzen

Was Katzen gerne spielen

Das optimale Spielzeug für eine Katze wäre eine echte Maus. Die Mieze fände das toll, die Maus eher weniger. Und gelingt ihr die Flucht, kann es sein, daß sie sich in einem Schrank erst durch wichtige Dokumente frißt, bevor sie sich fangen läßt. Die Echtmaus muß also durch möglichst gute Kopien ersetzt werden. Der Grund, warum sich die Fellimitate bei Katzen so großer Beliebtheit erfreuen: Größe und Geruch stimmen, nur bewegen können sich die Mäuse nicht. Aber das übernimmt eine Katze sogar selbst. Sie gibt ja auch einer halbtoten Maus immer wieder einen Schubs, damit sie sie noch einmal fangen kann. Das Spiel mit der Maus bringt Katzen in Verruf, grausam zu sein. Genau kennt man den Ursprung dieses Verhaltens nicht. Sicher ist, daß Tiere nicht bewußt grausam sein können. Sie töten aus Instinkt, und wenn sie damit warten, fehlt der Impuls dazu. Die Katze mag satt sein, genießt aber trotzdem das Beutespiel. Katzen sind eben verspielt, und das zeitlebens. Mitleid mit der Maus von ihnen zu erwarten, ist menschlich gedacht. Im Gegenteil: Katzen unterscheiden nicht

Gutes Spielzeug hat Mäusegröße und ist beweglich.

zwischen Beute und Spielobjekt. Wenn eine Katze heftige Attacken auf einen Tennisball startet, sieht es genauso aus, als ob sie ihn töten möchte. Hinterherrennen oder auflauern, mit der Pfote danach tatzen oder mit einem gezielten Satz darauf

Merkmale guter Spielsachen

Je mehr Katzensinne sie ansprechen, desto besser sind sie.

1

Beuteähnlich: Ein bißchen Maus, ein wenig Vogel und ein Hauch von Fisch an der Angel – für Katzen ist es nicht wichtig, was das Spielzeug darstellt, sondern daß es relativ klein ist und sich bewegt oder bewegen läßt.

2

Schnelle Bewegung: Kleine Bälle und Kugeln huschen mäuseähnlich über den Boden, verschwinden unter Schränken und in Ritzen und kommen durch den Rückprall sogar gelegentlich wieder hervorgekullert.

stürzen – Katzen beherrschen mehrere Jagdkünste, die sie bereits als Jungtiere mit ihren Geschwistern und der Mutterkatze einüben. Beim Auflauern, Verfolgen, Raufen und Balgen üben sie, wie man Beute erwischt und sich gegen Artgenossen zur Wehr setzt. Wie man eine Maus tötet, lernen sie bei ihrer Mutter. Dies erklärt, warum jede Wohnungskatze eine Maus fängt, sobald sie sie ausmacht, aber nur manche die Beute töten können. Der Nahkampf hat für Katzen eine untergeordnete Bedeutung. Deshalb lassen Raufspiele mit der Zeit nach. Dafür nehmen die sogenannten Objektspiele deutlich zu. Hier gilt es, einer Beute gekonnt nachzustellen, ihr aufzulauern, sie zu krallen und zu töten. Halbwüchsige Kätzchen überfallen jetzt den Schwanz ihrer Mutter oder „hetzen" ihren eigenen Schwanz im Kreis herum.

Alles, was sich bewegt, finden Miezen einfach toll. Wann immer Sie Zeit und Lust haben, schlüpfen Sie doch einmal in die Rolle der

3

Betörender Duft: Manche Katzen mögen Socken, bevor man sie wäscht. Diese hier ist mit Catnip gefüllt, was sehr viele Katzen enorm anmacht. Sie wälzen sich damit durch die Wohnung.

4

Feine Geräusche: Katzen lieben Geraschel, Geknister und Geklingel. Schon ganz leise Töne erregen ihre Aufmerksamkeit und werden gründlich erforscht.

5

Beutegeruch: Die Fellmaus sieht täuschend echt aus und riecht nach richtiger Beute. Meistens sind diese Mäuse aus Kaninchenfell.

Hineinkrallen und sich wohl fühlen: Am Tennisball üben Kätzchen gern den Nahkampf mit der Beute. Objekte, die größer als Ratten sind, lehnen sie ab.

Beute. Doch achten Sie stets darauf, Ihre Hände (und andere Körperteile) aus dem Spiel zu lassen. Diese sind nämlich besonders attraktiv für eine Katze, eben weil sie sich bewegen. Verwenden Sie bereits beim Jungtier Spielzeuge wie eine Schnur mit Bällchen daran, oder werfen Sie eine Fellmaus, die von vielen Katzen sogar mit Freude apportiert wird. Beim gemeinsamen Spiel tauen auch schüchterne Katzen auf: Werfen oder ziehen Sie das Spielzeug grundsätzlich von der Katze weg, andernfalls fühlt sie sich angegriffen.

Sitzt eine Katze nur da und betrachtet das Spielzeug, machen Sie vermutlich etwas falsch: Sie bewegen das Objekt zu heftig oder zuwenig, das Spielzeug hängt zu hoch oder ist zu nah, es ist zu groß oder zu klein, oder es riecht unangenehm. Experimentieren Sie ein bißchen. Manche Katzen mögen es, wenn eine Schnur langsam, ganz langsam hinter ei-

Junge Katzen spielen mit allem, was sich bewegt, auch mit dem eigenen Schwanz. Dabei lernen sie, daß Krallen schmerzen.

Wie lernt eine Katze Kunststücke?

Die Katzennummer des Moskauer Staatszirkus ist sensationell. Da turnen kleine Miezen hin und her und machen genau das, was der „Dompteur" ihnen sagt. Aber was da für eine Arbeit dahintersteckt! Das ist bei einer solchen Nummer eine Lebensaufgabe. Mit nur einer Katze ist man besser dran, doch muß sie willig sein. Ein Zirkus testet viele Tiere, bis er ein solches findet. Hat die eigene Katze Vorlieben, wie bestimmte Sprünge, z.B. auf die Tür hinauf, um dort zu balancieren, Türen öffnen, Schubladen aufziehen, Futter klauen, kann man diese „Unarten" gezielt zur Dressur ausbauen. Nötig sind Geduld, liebevolle Ermunterung und Lob, Lob, Lob. Ein Leckerchen bei Erfolg wirkt Wunder. Ein Codewort ist unerläßlich. Ein Beispiel: Du willst, daß die Katze über eine Stange hüpft. Also wirfst du

Ein Spleen läßt sich zur Dressur ausbauen.

ein Spielzeug vor der Katze hinüber und rufst gleichzeitig: „Hüpf!". Tut sie das, bekommt sie lautes Lob und eine Belohnung. Tut sie's nicht, ignorierst du's und versuchst es nochmal. Wichtig ist, immer nur kurz zu üben. Und irgendwann rufst du „Hüpf!" und deine Katze tut es auch ohne Spielzeug...

ner Mauerecke verschwindet, und stürzen in dem Moment hinterher, wenn der letzte Zipfel verschwindet. Solche Katzen sind dem Spieltyp „Jäger und Sammler" zuzuordnen. Der Raufer hechtet normalerweise sofort hinterher (siehe auch Seite 82). Wenn Sie die persönlichen Vorlieben erkannt haben, finden Sie sicherlich sehr schnell ein Lieblingsspiel Ihrer Katze heraus. Bieten Sie ihr Verschiedenes an. Viele Stubentiger lieben Versteckspiele, sich selbst suchen lassen oder etwas hervorkramen müssen. Kluge Katzenköpfe unterhalten sich gern

Ball spielen – ein herrlicher Katzenspaß

mit Tüftel- und Geschicklichkeitsaufgaben, z. B. Futterschachteln plündern. Damit keine Unart daraus wird, muß das Tier deutlich zwischen erlaubt und verboten unterscheiden können.

Je älter Katzen werden, desto kürzer werden die Spielstunden. Sie hören jedoch nie ganz auf. Sogar eine schwache Seniorenmieze läßt sich noch dazu hinreißen, einer Schnur hinterherzupfoteln, zieht man diese direkt an ihrer Nase vorbei. Hört der Spieltrieb völlig auf, ist eine Katze krank, oder sie hat als Jungkätzchen schlechte Erfahrungen beim Spielen gemacht, so daß sie für immer die Pfoten davon läßt.

Wer sich absichtlich oder auch nur gedankenlos unschöne Späßchen mit einer Katze erlaubt, muß sich nicht wundern, wenn sie sich zurückzieht. Katzen reagieren auch „beleidigt", wenn man sie auslacht, zumindest scheint es so. Nehmen wir an, Sie werfen eine Fellmaus über einen glatten Flur. Die Katze rennt hinterher, kann aber nicht rechtzeitig bremsen, prallt mit dem Kopf gegen die Wand – und Sie lachen! Das ist für die Katze gar nicht komisch. Gefahren beim Spielen sollten Sie ohnehin vermeiden und nicht heraufbeschwören.

Und schließlich: Kratzt eine Katze beim Spielen, kann das zwei Gründe haben: Sie hat nicht gelernt, daß Kratzen Menschen schmerzt, und der Hieb gilt eigentlich der Beute. Oder sie möchte gern aufhören zu spielen, und Spielkamerad Mensch hat das nicht anhand ihrer sonstigen Zeichen (zuckendes Fell, zuckende Schwanzspitze, zurückgestellte Ohren) erkannt. Dann schlägt sie zu und verschwindet. Einer solchen Spielaggression begegnen Sie am besten, indem Sie Ihre Hände möglichst weit aus der Reichweite der Katzenkrallen bringen.

11mal Spiel und Spaß für Ihre Katze

1 Kordeln ziehen. Das klappt buchstäblich wie am Schnürchen. Ziehen Sie einen Strick von der Katze weg, vielleicht sogar aus ihrem Blickfeld. Das übt einen starken Reiz auf sie aus.

2 Katzenhockey. Dazu brauchen Sie nur einen kleinen rollenden Gegenstand, etwa einen Korken, ein Spielbällchen, einen Tischtennis-, Tennis- oder Golfball. Rollen Sie ihn an der Nase der Katze vorbei, und schon pfotelt sie das Ding durch die Wohnung.

3 Apportieren. Fellmäuse, Catnip-Säckchen, kleine Wollknäuel oder Stoffreste werden sehr gern von Katzen apportiert. Sie werfen, und die Mieze holt es zurück. Werfen Sie nicht zu hoch oder zu weit, damit sie eine Chance hat, das Flugobjekt wiederzufinden.

4 Schachtelteufel. Dazu können Sie jede beliebige alte Einkaufsschachtel hernehmen. Zwei Schlupflöcher hineinschneiden oder den Deckel ein Stück offenstehen lassen und fertig. Die Katze wird sich den halben Tag damit beschäftigen, alles ausgiebig zu beschnuppern und ein Nickerchen darin machen.

5 Mauselöcher. Auch eine kleine Schachtel bietet sich als Katzenspielzeug an. Geben Sie eine Spielkugel hinein, und schneiden Sie kleine Löcher in die Schachtel, durch die eine Katzenpfote hindurchpaßt, aber nicht der Ball.

6 Futterversteck. Dieselbe Schachtel aus Idee Nummer 5 läßt sich zum Futterversteck umbauen. Geben Sie statt eines Bällchens einige Trockenfutterbröckchen hinein, am besten vor den Augen der Katze. Eine Schlaue wird alles daransetzen, sich mit der Pfote eines herauszuangeln.

7 Gummiband. Binden Sie einen Korken oder ähnliches an ein Stück Hosengummi, den Sie dann zum Beispiel an einer Türklinke befestigen. Das baumelnde und immer wieder zurückschnellende Teil wird Ihre Katze eine ganze Weile lang beschäftigen.

8 Höhlenforscher. Lassen Sie einmal die Schranktür offen, staffieren Sie den Boden mit einer Decke, einer Pappschachtel und einem weichen Kissen aus, und lassen Sie die Katze die Spezialhöhle erkunden. Bitte die Mieze nicht versehentlich einsperren.

9 Maulwurf. Was bewegt sich da unter der Oberfläche? Bewegen Sie ein Stöckchen unter einer Decke oder einem Tuch, und lassen Sie es ab und zu hervorgucken.

10 Männchen machen. Halten Sie ein Spielzeug oder ein Futterbröckchen über die Nase der Katze, damit sie einen langen Hals macht, immer höher, bis sie auf den Hinterbeinen steht und danach pfotelt.

11 Rausch der Sinne. Füllen Sie ein Säckchen oder einen Kissenbezug mit Wiesenheu, getrockneten Küchenkräutern, Katzenminze (Catnip), Dinkelspreu, Getreidekörnern, Reis oder Naturwolle. Das gibt wunderbare Träume.

Urlaubsfreud und Urlaubsleid

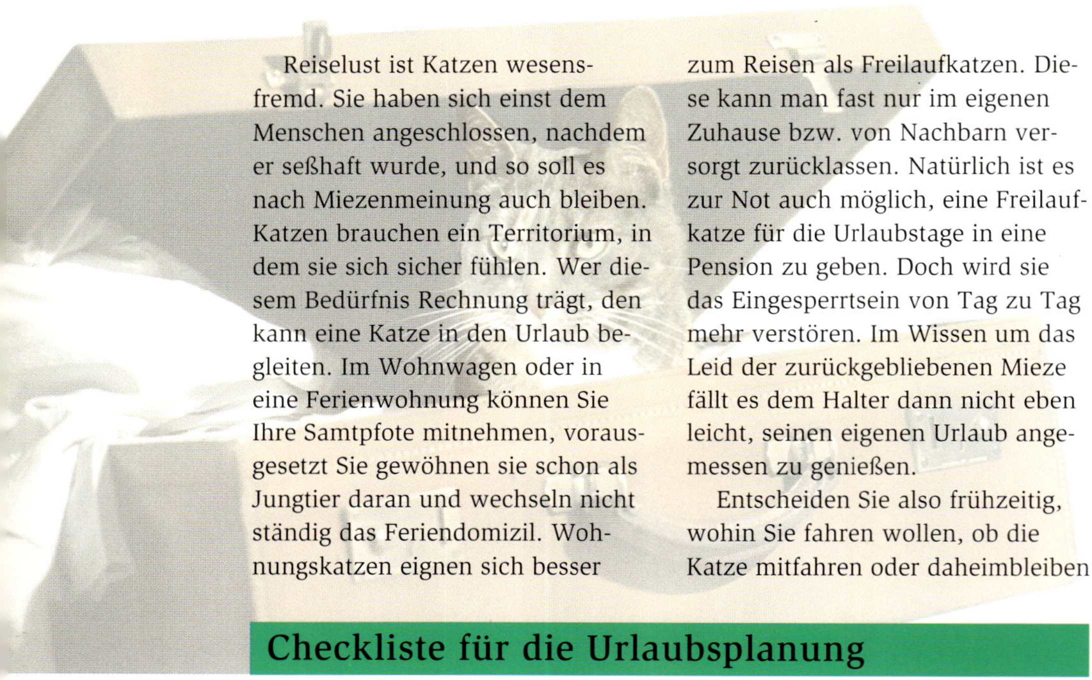

Reiselust ist Katzen wesensfremd. Sie haben sich einst dem Menschen angeschlossen, nachdem er seßhaft wurde, und so soll es nach Miezenmeinung auch bleiben. Katzen brauchen ein Territorium, in dem sie sich sicher fühlen. Wer diesem Bedürfnis Rechnung trägt, den kann eine Katze in den Urlaub begleiten. Im Wohnwagen oder in eine Ferienwohnung können Sie Ihre Samtpfote mitnehmen, vorausgesetzt Sie gewöhnen sie schon als Jungtier daran und wechseln nicht ständig das Feriendomizil. Wohnungskatzen eignen sich besser zum Reisen als Freilaufkatzen. Diese kann man fast nur im eigenen Zuhause bzw. von Nachbarn versorgt zurücklassen. Natürlich ist es zur Not auch möglich, eine Freilaufkatze für die Urlaubstage in eine Pension zu geben. Doch wird sie das Eingesperrtsein von Tag zu Tag mehr verstören. Im Wissen um das Leid der zurückgebliebenen Mieze fällt es dem Halter dann nicht eben leicht, seinen eigenen Urlaub angemessen zu genießen.

Entscheiden Sie also frühzeitig, wohin Sie fahren wollen, ob die Katze mitfahren oder daheimbleiben

Checkliste für die Urlaubsplanung

- ○ Ist der Sitter zuverlässig? Kommt er regelmäßig ins Haus, bzw. stellt er sicher, daß die Katze nicht aus seiner Wohnung entkommen kann? Kennt er Ihre Katze? Kennt er sich überhaupt mit Tieren aus? Wenn er selbst Tiere hält: Vertragen sich diese mit Ihrer Katze?
- ○ Sind Urlaubstermin und Sittervertrag abgesprochen? Für alle, die die Katze mitnehmen oder in eine Pension geben: Hat die Katze zum Urlaubstermin einen gültigen Impfschutz? Erfüllen Sie alle Einreisebestimmungen?
- ○ Sind alle Papiere bereit, Impfpaß, Katzenpaß (eine Beschreibung ihrer Merkmale mit Foto, Tätowierungs- und/ oder Chipnummer, Adressen vom Tierarzt und Tiersitter. Wohnanschrift, Urlaubsadresse mit Telefonnummern).
- ○ Für Urlauber, die die Katze mitnehmen: Haben Sie einen passenden Reisekennel für die Katze? Sind Unterkunft, Hin- und Rückflug mit Platz im Passagierraum gebucht und bestätigt?
- ○ Das braucht die Katze: Papiere, Transportkorb, Leine, Halsband/Geschirr, Schlafkissen, Futter, Leckereien, Streu, Näpfe, Katzenklo, Schaufel, Reinigungsmaterial, Plastiktüten, Spielzeug, Kamm/Bürste, Erste-Hilfe-Set.

soll und wer auf sie aufpaßt. Soll sie mitfahren, muß sie Autofahrten mögen und leinenführig sein, was ein Jungtier leichter lernt als eine erwachsene Katze. Im Auto sollte die Katze immer in einem Katzentransportkorb mit wasserfestem Boden sitzen, in dem auch eine kleine Reisetoilette Platz hat. Vor und während der Autofahrt bekommt sie nichts zu fressen. Unterwegs macht man öfter Pausen und läßt sie mehrmals trinken. Eine Fahrt von mehr als einem halben Tag sollten Sie Ihrer Katze lieber ersparen.

In der Bahn dürfen Katzen im Transportkennel kostenlos mitreisen. Dies erlauben auch die meisten Fluggesellschaften, gestatten jedoch pro Flug nur ein Tier im Passagierraum. Es ist daher ratsam, früh zu buchen und sich die Mitnahme der Katze bestätigen zu lassen. Über die gültigen Einreisebestimmungen für das Ausland kann der ADAC oder ein zuständiges Konsulat befragt werden. Eine Tollwutimpfung ist immer nötig. Nach Großbritannien, Irland, Norwegen, in die USA und manche andere Staaten ist die Einreise durch Quarantänevorschriften oder komplizierte Einreisebestimmungen für Tiere sehr erschwert.

Ein Tiersitter sollte die Katze und ihre Vorlieben kennen.

Eine Katze glücklich zu machen, heißt, ihre Eigenarten zu verstehen und zu respektieren. In vielerlei Hinsicht ähneln Katzen uns Menschen. Dennoch sind sie Beutegreifer mit Jagdinstinkt und dem Willen zu töten. Unsere Samtpfoten haben Fähigkeiten, die unser Vorstellungsvermögen weit übersteigen. Wir leben mit ihnen, und doch ist uns häufig nicht bewußt, wie wenig wir tatsächlich von ihnen wissen.

Verhalten verstehen

Die heimliche Königin der Tiere

„Erfolgsmodell" Katze

Als sich vor drei bis fünf Millionen Jahren die ersten menschenähnlichen Wesen auf der Erde entwickelten, gab es schon eine Vielzahl von Kleinkatzen. Die ersten mit ihnen vergleichbaren Raubtiere bevölkerten schon vor 50 Millionen Jahren die Erde. Sie sahen mehr wie Marder aus, konnten aber bereits ihre Krallen einziehen, eine typisch kätzische Eigenschaft, die wir Menschen heute sehr zu schätzen wissen. Dieses kleine Raubtier, das *Miacis* genannt wurde, wird als Vorfahre einer Vielzahl von Fleischfressern angesehen. Allein die Familie der Katzen (Felidae) hat sich bis heute in rund 40 Arten aufgespalten: Alle Vertreter sind muskulöse, athletische Raubtiere mit superscharfen Augen, ausgezeichnetem Gehör und feiner Nase. Sie können hervorragend klettern, springen und jagen, und mit Ausnahme der Löwen leben sie als Einzelgänger. Fast alle Feliden haben 38 Chromosomen, und viele von ihnen können sich miteinander paaren, auch wenn ein solcher Nachwuchs zumeist unfruchtbar ist.

Süß, aber gefährlich: junge Sumatratiger

Manche Arten sind wieder ausgestorben. Der riesige Säbelzahntiger z. B. tauchte vor 35 Millionen Jahren auf und verschwand vor rund 30 000 Jahren wieder. Er lebte siebenmal länger auf der Erde als die Menschheit bisher. Die ältesten Skelette, die denen heutiger Kleinkatzen gleichen, sind 12 Millionen Jahre alt.

Im Überlebenskampf sind Großkatzen trotz ihrer Gefährlichkeit weniger erfolgreich als die kleinen. Die größte, der Sibirische Tiger, kann bis zu 2,8 Meter lang und 300 Kilo schwer werden. Er ist vom Aussterben bedroht. Eine normale Hauskatze wiegt nur drei bis neun Kilo und kann sich mit der Kraft des Tigers

Löwen leben als Familie zusammen. Hauskatzen können es auch, wenn sie wollen.

nicht messen. Aber sie ist in ihrer Vermehrung kaum zu bremsen.

Meister der Anpassung

Hinsichtlich ihrer Schläue und Anpassungsfähigkeit sind die Kleinen den Großen weit überlegen. Sie vermochten und vermögen noch heute von den vielfältigen Erbanlagen der Felidae (Katzenartige Raubtiere) genau diejenigen zu aktivieren, die ihnen nützlich waren bzw. sind. Das fängt schon bei Äußerlichkeiten an: Die Familie der Katzen hat unvergleichlich viele Fellfarben und -muster als Tarnung für jede Umgebung hervorgebracht, die auch in ihrer Felldicke und Haarlänge optimal angepaßt sind. So konnten sich Katzen außer in den Polargebieten inzwischen auf der ganzen Erde ansiedeln. Das Verhalten zeigt die Wandlungsfähigkeit der Katzen noch deutlicher. Normalerweise leben sie als Einzelgänger, und nur Löwen bleiben im Familienverband zusammen. Es gibt also ein Programm „Gruppenleben" im Katzenerbgut, und Hauskatzen aktivieren es in dem Moment, in dem es nötig ist. Das sichert ihnen das Überleben. Und natürliche Feinde haben sie kaum. Erst der Mensch stellt für die Katzen eine echte Gefahr dar. Doch eine kleine ägyptische Gruppe der Mäusefänger war besonders schlau und schloß Frieden mit dem größten Feind: Vor rund 5000 Jahren

Alle Katzenarten haben scharfe Augen.

überzeugten sie die Männer von ihrer Nützlichkeit und schmeichelten sich in die Herzen von Frauen und Kindern. Erstaunlich ist, daß es nur eine bestimmte Gruppe von Falbkatzen war, die den Sprung in die Domestikation (Heimtierwerdung) geschafft hat. Andere Wildkatzen (zum Beispiel die Europäische Waldwildkatze, die Bengal-Katze, der Manul u. a.), die unseren Hauskatzen sogar heute noch so ähnlich sind, daß man sie miteinander kreuzen kann, sind niemals freiwillig zahm geworden.

Grenzen der Freiheit

Katzen sind die einzigen Heim- oder Haustiere, die kommen und gehen dürfen, wann und wie sie wollen. Von allen Heimtieren ist die Katze dasjenige, das wir am wenigsten kontrollieren und bevormunden. Die Tendenz geht allerdings in Richtung Wohnungshaltung. Aber statt gegen den Verlust der Freiheit aufzubegehren, paßt sich die Mieze wiederum an. Sie arrangiert sich gut mit eingeschränkten Lebensbedingungen, aber ihre Anpassungsfähigkeit hat auch Grenzen. Eine Katze akzeptiert Autorität nicht so wie ein Hund. Im Gegensatz zum Rudeltier Hund ist einer Katze das Zusammenleben mit Artgenossen oder menschlichen Ersatzpartnern nicht so wichtig. Gibt es Ärger, hat unsere Samtpfote den natürlichen Drang wegzugehen und sich einen anderen Lebensraum zu suchen. Der Hund hingegen ist auf sein Rudel angewiesen. Er unterwirft sich den ranghöheren Rudelmitgliedern und gibt sich mit einer dementsprechend niederen Stellung in der Rangordnung zufrieden. Eine Katze tut das nicht oder nur selten. Daher wirkt sie auf uns auch so stolz und unabhängig. Katzen werden sich vermutlich immer etwas mehr Unabhängigkeit bewahren als der Hund. Eine Mieze kommt Ihnen zwar entgegen, aber den restlichen Weg zum gemeinsamen Glück müssen Sie gehen.

Grundkurs Katzensprache

Katzen reden mit dem Körper

Über Gerüche und Körpersignale erfährt eine Katze mehr von der Welt als durch Laute und Geräusche. Da die Lautsprache für uns Menschen die wichtigste Kommunikationsform ist, wirken Tiere, die Informationen auf anderem Wege aufnehmen und verarbeiten, auf uns manchmal ein bißchen schwer von Begriff. Bei einem Tier, das weitestgehend als Einzelgänger lebt, ist eine andere Kommunikationsweise jedoch nicht weiter erstaunlich: Wem, außer ihren Jungen, hat eine Katze schon viel zu erzählen? Den übrigen Artgenossen gibt eine Katze „Fernsignale“ über Duftnoten und über Sichtzeichen. Katzen haben eine sehr gute Beobachtungsgabe. An der Körperhaltung erkennen sie auf den ersten Blick, ob ein fremder Artgenosse freundlich oder feindlich gesinnt ist, noch lange bevor ein „Miau“ hörbar wäre oder es zum Körperkontakt kommt.

Wildkatzen sind äußerst scheu und leben zurückgezogen.

Die vielen Gesichter einer Katze

1

Aufgerichtete Ohren, offene Augen mit Pupillen, die den Lichtverhältnissen angepaßt sind, Schnurrhaare breit – so sieht eine zufriedene Katze aus.

2

Leicht geduckte Körperhaltung, schreckgeweitete Augen und schräg zurückstehende Ohren: So sieht eine ängstliche, furchtsame Katze aus.

Katzenbegegnungen

Starrt eine Katze die andere an, ist sie dominant oder feindlich gesinnt. Keine Gefahr droht, wenn sie geflissentlich zur Seite sieht. Freundlich aufgelegt sind Miezen, wenn sie mit hocherhobenem Schwanz angelaufen kommen. Geducktes, langsames Anschleichen bedeutet jedoch nichts Gutes.

Einem feindlich-dominanten Kater gehen die meisten Artgenossen einfach aus dem Weg. Sie erkennnen sein Revier an den Duftspuren, die er überall hinterläßt.

Treffen zwei freundlich gesinnte Tiere aufeinander, begrüßen sie sich mit einem „Nasenkuß“. Diese Begrüßung entscheidet, ob sie sich riechen können. Eine paarungswillige Kätzin überlegt es sich in diesem Moment gern noch einmal anders und läßt den Kater stehen. Bei einer weiterhin freundlichen Begegnung

3

Untergeschlagene Vorderbeine, leicht schräg nach hinten gestellte Ohren, halb geöffnete Augen – so sieht eine Katze aus, die sich unbehaglich fühlt oder ärgerlich ist.

4

Offene, aufmerksame Augen, Ohren nach vorne, der Blick unerschrocken und direkt – so sieht eine Katze aus, die sich wohl fühlt und voller Neugier oder Erwartung auf etwas blickt.

beschnuppern sich die beiden dann das Hinterteil und reiben sich schließlich an Kopf und Flanken.

Treffen zwei Feinde aufeinander, umschleichen sie sich mit angelegten Ohren, zeigen sich einen Drohbuckel, fauchen und knurren, bevor sie übereinander herfallen und sich beißen und kratzen.

Kater eines Reviers liefern sich selten ernsthafte Gefechte. Man erkennt dies daran, daß meist nur geringfügige Verletzungen auftreten. Auseinandersetzungen unter Katzen, die zusammenleben, werden häufig mit einem reinen Blickgefecht bereinigt. Das weniger dominante Tier gibt nach, wobei die Unterwerfung bei Katzen anders aussieht als bei Hunden. Unterlegenheit zeigt sich darin, daß das Tier sich duckt, wegsieht und weggeht. Die hündische Unterwerfungsgeste, nämlich die Rückenlage, hat bei

Eine fauchende Katze fühlt sich bedroht.

Reibt sich eine Katze an Dingen, hinterläßt sie ihre Duftnote.

Katzen eher gegenteilige Wirkung: Auf dem Rücken ist eine Katze besonders wehrhaft. So kann sie beißen und mit vier Pfoten gleichzeitig zuschlagen. Wehrhafter geht es nicht, und wer jemals gesehen hat, wie kräftig die Hinterbeine ein Spielzeug traktieren können, weiß, daß eine Katze, die auf dem Rücken liegt, mit Vorsicht zu genießen ist. Die meisten Katzen mögen es ohnehin nicht gern, am Bauch berührt zu werden.

Unangenehm ist die Eigenart potenter Katzen, ihre Duftmarken an strategisch wichtigen Stellen zu platzieren. Fühlen sich Katzen in ihrem Territorium von einem Artgenossen bedroht, erhöhen sie die Zahl der Duftmarken, und das leider auch in der Wohnung. Entweder sprühen sie Urin, oder sie setzen Kothäufchen auf den Teppich, anstatt sie zu verscharren. Überdies demonstrieren unsere Stubentiger Dominanz durch auffälliges und intensives Gekratze. Kastrieren ist hier die Lösung. Kater verlieren mit ihrer Potenz in der Regel auch den Drang, sich als Boß aufzuspielen. Katzen beiderlei Geschlechts hören danach fast immer auf zu markieren.

Was will dir deine Katze sagen?

Wenn deine Katze etwas von dir will, dann miaut sie laut und fordernd. Dieses Miau ist nicht zu überhören. Was deine Mieze will, erkennst du daran, wo sie sitzt. Vor der Türe heißt ein lautes, deutliches Miau oder Mau „Mach auf!", vor dem Napf heißt das „Füll ein!", vor ihrem Spielzeug heißt das „Wirf!", vor ihrer Toilette heißt das „Mach sauber!".
Wenn deine Katze schmusen will, reibt sie sich an dir, springt dir auf den Schoß, stupst dich mit dem Kopf an und beginnt laut zu schnurren.
In Spiellaune ist deine Katze, wenn sie vor dir sitzt und dich ansieht, sie springt auf Bank, Bett oder Tisch, pfotelt herum und läßt manchmal auch ein kleines bittendes Mi hören. Häufig bringt sie dir auch ihr Spielzeug.
Möchte deine Katze ihre Ruhe, hüpft sie von deinem Schoß herunter, geht weg und reagiert nicht auf Rufe.
Deine Katze stellt die Ohren etwas zurück und zuckt mit der Schwanzspitze oder dem Fell, wenn sie nicht oder nicht mehr berührt werden will. Läßt man sie dann nicht in Ruhe, faucht und kratzt sie.

Diese Katze ist zufrieden.

Ihr Miau ist uns Befehl

Auch wenn „Miau" keineswegs das Hauptverständigungsmittel der Katzen ist, weiß schon jedes Kind, es dem richtigen Tier zuzuordnen. Dabei läßt eine Katze viel öfter ein „Mi", ein „Mio" oder ein „Mrrr" hören. Da Katzen schnell lernen, daß Menschen besonders auf Töne reagieren, setzen sie diese Laute dem Menschen gegenüber variantenreicher ein als in der Kommunikation mit Artgenossen. Manchen Rassen liegt Gequassel mehr im Blut als anderen. Wer eine Siamkatze hat, bekommt täglich ganze „Romane" erzählt. Manche „Siamesen" kommentieren jedes Tun ihres Hal-

Geschmeidig fliegt sie durch die Luft.

ters, eine Verhaltensweise, die die Nerven durchaus strapazieren kann.

Woher es kommt, daß manche Rassen solche „Quasselstrippen" sind, weiß man nicht, ebensowenig, welchen Sinn das viele „Geplappere" für die Katze eigentlich hat.

Fehlverhalten und Protest

Gelegentlich zeigt die Katze Ihnen mit scharfen Krallen, daß Sie sich falsch verhalten haben. Mit ihren Mitteln macht sie deutlich, daß sie sich nicht wohl fühlt, daß ihr die Lebensumstände oder bestimmte Veränderungen nicht zusagen. Sie protestiert durch Unsauberkeit, große Unruhe, extreme Zurückhaltung oder andere Verhaltensstörungen, denen man häufig nicht durch Erziehung beikommen kann, sondern nur mit viel Einfühlungsvermögen und Katzenpsychologie. Eine Katze läßt sich nicht mit Strenge erziehen. Schmerzhafte Ohrfeigen bedeuten für eine Katze ausschließlich: „Hau ab und komm nie wieder!" Bei harmlosem Geplänkel oder Liebeshändeln teilen Katzen zwar auch Hiebe aus, doch sie verletzen sich nicht ernsthaft. Mit uns liefern sich die Samtpfoten allerdings keine solchen Scharmützel. Packt man sie zu hart an, verscherzt man sich vielleicht für immer die Freundschaft seiner Katze.

Sechs Grundsätze der Katzenerziehung

Hunde und Kinder wurden generationenlang durch Strafe erzogen. Diese Methode basierte auf Einschüchterung und Furcht vor Strafe und Liebesentzug, und sie funktionierte deshalb, weil die Angst vor dem Alleinsein größer war als der Unwille, sich anzupassen oder zu unterwerfen. Heute ist dieses Erziehungskonzept glücklicherweise überholt. Versuche haben ergeben, daß sowohl Tiere wie Menschen leichter lernen, wenn erwünschte Verhaltensweisen belohnt, unerwünschte weitestgehend ignoriert werden. Außerdem versucht man von vornherein zu verhindern, daß ungeliebte Situationen entstehen. Man bezeichnet dies als positive Verstärkung. Vor allem in der Katzenerziehung ist dies die Methode der Wahl. Denn Erziehung durch Strafe funktioniert bei Katzen überhaupt nicht (siehe Seite 102). Sie sperren sich gegen Gewalt, nicht aber gegen Anpassung. Eine Katze muß immer wissen, daß man ihr prinzipiell wohlgesonnen ist.

1. Niemals Gewalt anwenden

Dazu gehört auch das berühmte „Näschen in die Pfütze eintunken". Tun Sie's nicht! Es verstört das Tier so sehr, daß es erst recht wieder einpinkelt. Schlagen Sie auch nicht mit einer Zeitung oder sonstigen leichten Gegenständen nach der Katze. Sie verbindet es durchaus mit Ihnen, und wenn Sie Pech haben, flüchtet sie fortan immer, wenn sie Ihrer ansichtig wird. Wenn es Grund zu Strafe gibt, z. B. weil die Katze verbotenerweise auf dem Eßtisch sitzt, müssen Sie dennoch nicht lächelnd daneben stehen: Setzen Sie sie mit einem deutlichen „Nein!" nach unten, oder spritzen Sie das Tier aus einer Blumenspritze an. Das genügt, um ihr zu zeigen, daß etwas verboten ist. Kratzt die Katze nach Ihren Händen, dann fauchen Sie in Katzenmanier. Vielleicht kommt es Ihnen komisch vor, aber das ist ein unmißverständliches Zeichen und bedeutet: „Jetzt reicht es!"

Stationen eines Katzenlebens

Die Entwicklung vom Baby zur erwachsenen Mieze

- Erster Tag: Die Neugeborenen sind blind und hören noch kaum. Sie fühlen Kälte und Wärme, automatisch robben sie zu den Zitzen, kneten die Milchleisten und saugen. Jedes Kätzchen „behält" die einmal gewählte Zitze.
- 1./2. Woche: Das Gehör entwickelt sich. Der Instinkt, sich zu putzen, tritt in Erscheinung. Die Augen öffnen sich.
- 3. Woche: Milchzähne kommen; die Kätzchen beginnen zu laufen und zu spielen.
- 4. bis 7. Woche: Sensible Phase: Grundprägung auf Menschen, andere Tiere, Umgebung, Futter etc.
- 4./5. Woche: Erste Zufütterung.
- 5. Woche: Beginn der mütterlichen Katzenerziehung: Sozialverhalten, Jagen, Beutetöten.
- 10. bis 12. Woche: Wechsel in ein neues Zuhause.
- 3. Monat bis ein Jahr: Lernphase und Festigung der charakterlichen Anlagen. Das erste Lebensjahr ist die beste Zeit für Erziehung, Gewöhnung und allgemein positive Beeinflussung in einem neuen Zuhause.
- Ab einem Jahr: Erwachsenenzeit. Ein Alter von 3 Jahren entspricht 28 Menschenjahren. Und dann: 5 = 38, 7 = 48, 9 = 55, 11 = 65, 13 = 72, 15 = 80, 17 = 88, 19 = 96.

2. Auf frischer Tat einschreiten

Liegt eine Untat bereits zurück, hat es absolut keinen Sinn, die Katze anschließend zu strafen. Sie versteht ganz einfach nicht, warum ihr Halter so böse mit ihr ist. Das verunsichert sie. Sie weiß nicht mehr, woran sie mit ihrem Menschen ist, und entwickelt vielleicht Unarten wie Unsauberkeit oder eine Kratzmanie.

3. Loben Sie, sooft Sie können

Auch ein Lob nützt nur wirklich im positiven Sinne verstärkend, wenn es direkt auf die gute Tat erfolgt. Tut es das nicht, so schadet es später wenigstens nicht. Mit Lob, Belohnung und Motivation erzielt man erstaunliche Erziehungserfolge, sogar bei Katzen. Leider vergessen die meisten Katzenhalter ihr Tier zu loben, zum Beispiel wenn es brav auf seinem Klo war, wenn es den Kratzbaum benutzt hat, im Körbchen geschlafen und aufgefressen hat oder im Auto ruhig gewesen ist.

Wer einer Katze etwas Besonderes beibringen will, schafft dies nur durch positive Verstärkung, wobei ganz auf Strafe oder Unmutsäußerungen verzichtet wird. Fehlverhalten wird dabei völlig ignoriert. Bei Unarten ist das allerdings häufig nicht möglich. Zerfetzt eine Katze

Zeigen Sie Ihren Unmut, aber brüllen Sie nicht. Besser ist zu fauchen oder anzupusten.

regelmäßig die Blumen in der Vase, würde sie ein Lob, wenn sie einmal die Blumen unberührt gelassen hat, möglicherweise genauso unberührt lassen.

4. Konsequent bleiben

Ausnahmen sind menschlich, aber Katzen würden sie nur verwirren. Im Zweifelsfall – und eine einzige Ausnahme schafft einen solchen – handelt die Katze nach ihrem Willen und nicht nach dem des Menschen.

5. Abstand halten

Wenn sich Unarten durch lautes „Nein!" o. ä. nicht beheben lassen, ist eine Abschreckungstherapie möglich, das heißt, das Tier soll während der Untat einen heilsamen Schrecken bekommen, zum Beispiel durch eine hochschnellende Mausefalle oder einen Pfiff durch eine Tril-

Tauchen Probleme ganz plötzlich auf, kann eine Krankheit dahinterstecken.

lerpfeife. Die Mieze darf ihren Menschen jedoch dabei nicht als den Ursprung des Schrecknisses wahrnehmen. Und das kann schneller passieren, als Sie denken. Daher gilt als 5. Grundsatz bei der Katzenerziehung: Bringen Sie sich außer Reichweite, wenn Sie der Katze durch Erschrecken eine Unart austreiben wollen!

6. Geduld, Zeit, Nerven

Wollen Sie die Katze umerziehen oder an etwas gewöhnen, wovor sie Angst hat, müssen Sie dafür sehr viel Geduld aufwenden. Lassen Sie dem Tier Zeit, loben Sie es, wenn es sich etwas mutig zeigt, ignorieren Sie Rückschläge, und zeigen Sie auf keinen Fall, daß Sie sich ärgern. Der 6. Grundsatz ist daher: Bringen Sie Geduld, Zeit und Nervenstärke auf! Die häufigsten Erziehungsfehler bei Katzen finden Sie im Kasten auf Seite 110.

Unarten erfolgreich vorbeugen

Das Lernprogramm

Es kommt ganz auf Ihre Wünsche an, was Ihre Katze können, tun oder vermeiden soll. Daß eine Katze ins Kistchen oder für dringende Geschäfte nach draußen geht, ist für den Katzenhalter selbstverständlich. Selten ist es schwierig, eine Katze daran zu gewöhnen. Viele Katzen dürfen sonst alles, das heißt, sie werden gar nicht erzogen. Sie sind jedoch auch die Katzen, die ihren Menschen später das Leben schwermachen. Ein bißchen Erziehung ist deshalb auf jeden Fall ratsam. Es hat nämlich durchaus Vorteile, wenn eine Katze auf Zuruf kommt, ihr Kistchen und den Kratzbaum benutzt und nachts oder im Auto Ruhe gibt.

Verhaltensprobleme

Sie schleichen sich langsam ein oder tauchen plötzlich auf, und immer sind Katzenhalter ziemlich ratlos. Häufig ist nur eine mangelnde Erziehung die Ursache für unerwünschtes Verhalten. Manchmal jedoch liegt die Störung an anderer Stelle. Klären Sie daher immer als erstes, ob die Katze krank ist, besonders bei Unsauberkeit, plötzlichem aggressivem oder depressivem Verhalten, bei unerklärlicher Unruhe, Zerstörungswut, Apathie oder

Appetitlosigkeit. Steckt eine psychische Störung oder eine schlechte Angewohnheit dahinter, können Sie beinahe jede Maßnahme mit naturheilkundlichen Mitteln unterstützend behandeln (siehe auch Seite 66 f.).

Auf den Namen hören

Eine Katze weiß genau, wann das Reden ihres Halters ihr gilt: Sie lauscht aufmerksam liebevollen Worten, sie legt die Ohren an, wenn er schimpft, aber sie kommt auch angerannt, wenn er sie ruft. Ihren Namen lernt sie leichter, wenn er ein „i" enthält und wenn Sie diesen Namen so oft wie möglich im Zusammenhang mit angenehmen Ereignissen wiederholen, zum Beispiel beim Streicheln und beim Spielen. Je mehr Sie mit Ihrer Mieze sprechen und ihren Namen deutlich aussprechen, desto schneller kapiert sie, daß dieser Name mit ihr zu tun hat. Ruft man ihn zur Fressenszeit in der Küche, saust sie geschwind herbei. Bei dieser Gelegenheit kann man auch den Befehl „Komm!" einführen. Wichtig ist dabei vor allem: Täglich bei jeder Gelegenheit wiederho-

Verhaltensprobleme können unterschiedliche Ursachen haben.

len und jeden Erfolg mit einem Lob und Leckerchen belohnen.

Sauberkeitstraining

Eine körperlich und seelisch gesunde Katze muß dazu nicht erzogen werden, sie sucht ganz von selbst einen Platz auf, an dem sie ihren Kot vergraben kann. Damit sie die Hydrokultur nicht mit dem Katzenklo verwechselt, setzt man sie bereits kurz nach dem Einzug ins neue Heim ins vorgesehene Kistchen, das sie interessiert beschnuppern wird. Dieses Katzenklo muß jederzeit für die Mieze zugänglich und sauber sein. Geht am Anfang etwas daneben, setzt man die Katze unverzüglich hinein. Bitte schimpfen oder strafen Sie nicht, sondern loben Sie, wenn es geklappt hat.

Unsauberkeit

Der erste Gang führt Sie zum Tierarzt, wenn Ihre Katze plötzlich nicht mehr in ihr Kistchen macht, sondern Teppich, Bett oder andere Gegenstände beschmutzt. Unsauberkeit kann viele Ursachen haben, und eines ist sicher: Sie werden mit Schimpfen oder gar Strafen die Sache eher verschlimmern als bessern. Sie müssen sich also auf die Suche nach der Ursache machen und diese beheben. In den meisten Fällen gelingt das, um es zur Beruhigung vorwegzunehmen. Denn die häufigste Ursache liegt beim Katzenklo. Wenn es verschmäht wird, ist es entweder zu schmutzig oder zu niedrig eingefüllt. Der Katze paßt die Streu, die Art der Toilette (zum Beispiel ein überdachtes Katzenklo) oder der

Kinder und Katzen können gute Freunde werden.

Warum bringt sie dir Mäuse?

In den Augen einer Katze sind wir Menschen totale Versager, wenn es ums Mäusefangen geht. So hilft sie uns dabei gern einmal auf die Sprünge, wie es eine satte Katze auch mit Artgenossen tut, denen sie freundlich gesonnen ist. Beherrscht eine Mitkatze die Jagdkünste nicht gut oder noch nicht, bekommt sie gelegentlich ein Futtergeschenk oder eine Übungsmaus als Mitbringsel. Bei Bauernhofkatzen, die gemeinsam ihre Würfe großziehen, gibt es oft eine Kätzin, die lieber Mäuse fängt als Jungtiere säugt. Sie bringt dann nicht nur den Kleinen, sondern auch ihren Mitmüttern Futter, die dafür ihre Kids versorgen. Den Jungtieren zeigt die Jägerin anhand noch lebender Mäuse, wie man solche Beute erwischt und ihr geschickt den Garaus macht. Genau das, so vermuten Forscher, will eine Katze ihrem Halter beibringen. Sie erwartet zumindest Lob und Bestätigung. Und flitzt die noch lebende Maus davon, soll man sich an der Jagd beteiligen. Um die Gefühle der Katze nicht zu verletzen, ist es ratsam, nicht in „Ih-eine-Maus-Geschrei" auszubrechen, sondern sich freudig, würdevoll und möglichst dankbar mit dem Nagetier zu befassen. Trag es einfach weg, so als ob du in einer ruhigen Ecke ein Festmahl mit ihr vorhast. Dann darf es ruhig der Müll schlucken.

Standort nicht. Sie fühlt sich vielleicht an dieser Stelle bedroht. Diese Umstände kann man leicht ändern. Unsauberkeit kann auch ein Protest gegen veränderte Lebensumstände bedeuten. Manchmal verschwindet dieses Problem dann von selbst wieder, wenn sich die Katze an das Neue (Umzug, Baby, Hund, Verlust eines Freundes etc.) gewöhnt hat. Führen Sie sie behutsam an die neue Situation heran, und loben Sie die Katze immer überschwenglich, wenn sie in ihr Klo geht und darin scharrt. Sobald eine Mieze ihr Zuhause mit einer zweiten Katze teilen muß, kann Unsauberkeit auch die Folge von Revier- und Dominanzproblemen sein. Hier können Sie nur wenig lenkend eingreifen. Unterstützen Sie grundsätzlich die dominante Katze, meistens die Erstkatze. Einem jungen Neuling zuviel Aufmerksamkeit zu schenken, löst meistens vehemente Kämpfe unter den Katzen aus, sobald das Jungtier erwachsen wird.

Dominanzgerangel

Ein paar Ohrfeigen tauschen Katzen immer wieder einmal aus. Dabei mischt man sich besser überhaupt nicht ein. Heftige Attacken beendet man, indem man beide Tiere mit Wasser anspritzt oder durch einen Knall erschreckt. Die Unsauberkeit wird um so größer, je mehr Mitleid der Mensch mit dem

So leicht gehen Sie Ihrer Katze auf den Leim

Vorsicht Falle: Versteckte Erziehungsfehler und wie Sie sie vermeiden können

- Ungeduld: Katzen verfolgen ihr Ziel sehr hartnäckig. Viele Menschen verlieren bei so viel Sturheit die Geduld und erreichen dabei nur, daß das Tier erst recht verbiestert.
- Mitleid: Katzen spüren es, wenn das Handeln ihres Halters nicht mit dessen Gefühlen übereinstimmt. Sie verstärken dann ihr Bemühen erst recht.
- Falsche Sichtweise: Eine Unart ist keine böswillige Aktion, sondern eine Reaktion auf ein Fehlverhalten des Menschen oder eine Veränderung.
- Strenge: Verbote sollten deutlich und mit Bestimmtheit durchgesetzt werden.
- Müdigkeit: Katzen finden sehr schnell heraus, zu welchem Zeitpunkt ihr Halter am nachgiebigsten ist, nämlich dann, wenn er müde oder gestreßt ist oder wenig Zeit hat.
- Schlechtes Vorbild: Was für einen gilt, sollte für alle gelten. Es geht nicht, den Hund vom Tisch zu füttern und der Katze das Betteln zu untersagen.
- Nicht artgerechtes Erziehungsziel: Ein Bedürfnis, wie Kratzen oder Spielen, kann man nicht abgewöhnen, sondern nur in andere Bahnen lenken.
- Falsche Belohnung: „Um des Friedens willen" sollten Sie nicht nachgeben. Es wird sich wiederholen.

unterlegenen Tier zeigt. Bei heftigen Streiten dieser Art trennt man die Tiere räumlich eine Weile und reibt sie dann vor dem nächsten Zusammentreffen mit demselben Geruch ein, zum Beispiel mit Katzenminze oder Räucherfisch. Manchmal kann man die Situation nur dadurch bereinigen, daß beide Tiere überhaupt getrennt werden. Ein neues Zuhause für einen der Kontrahenten ist für alle dann die „sauberste" Lösung.

Flecken entfernen

Häufchen und Pfützen, die ein Dominanzverhalten gegenüber anderen Katzen zum Hintergrund haben, müssen besonders sorgfältig weggeputzt werden, damit die Katze ihre Markierung nicht sofort wieder erneuert. Ammoniakhaltige Putzmittel wirken auf eine Katzennase wie der Duft eines Artgenossen. Dieser muß sofort wieder mit dem eigenen Geruch übertüncht werden. Nehmen Sie daher nur Spezialreiniger aus dem Zoofachhandel, oder schrubben Sie mit Kernseife und anschließend mit Essigwasser sauber. Man kann danach auch einen Blumentopf oder eine Kübelvase an dieser Stelle plazieren.

Den Kratzbaum benutzen

Die Kratzfläche sollte zwischen der Schulterhöhe der Katze und der Höhe liegen, die die Krallen erreichen können, wenn die Katze auf den Hinterpfoten steht. Handelsübliche Kratzmöbel stehen auf einem wetzgünstigen Stockel und bieten oben noch einen Späh- und Kuschelplatz. Damit der Kratzbaum akzeptiert wird, sollte er nahe beim Schlafplatz stehen. Denn das Wetz-

Der Kratzbaum darf nicht zu niedrig sein.

Auf frischer Tat ertappt? Die Wasserdusche eignet sich als Disziplinierungsmaßnahme.

bedürfnis ist besonders nach dem Aufwachen groß, wenn sich die Katze streckt. Nutzen Sie den Moment des Erwachens, indem Sie die Mieze an die Wetzstelle setzen und ihre Pfoten sanft daran reiben. Dann kratzen Sie selbst ein bißchen an der Sisalumwicklung. Meistens kapiert das Kätzchen sofort, daß hier das Kratzen erlaubt ist.

Verbotenes Kratzen

Schnappen Sie sich den Krallenwetzer konsequent, wenn er an anderer Stelle kratzt, und bringen Sie ihn dahin, wo es erlaubt ist. Es gibt Katzenhalter, die keinen Kratzbaum aufstellen und sich dann ärgern, daß ihr Stubentiger sich an den Möbeln vergreift. Wo aber soll er sonst kratzen? Bieten Sie einen geeigneten

Gegenstand an, und zeigen Sie ihm mit den Fingernägeln, wie man dort kratzt. Beeindruckt das Ihre Katze nicht, verleiden Sie ihr, so gut es geht, die unerwünschten Stellen, vor allem in der Zeit, in der sie unbeaufsichtigt ist. Mauerecken kann man mit einer Plastikfolie abdecken, das Sofa mit einem Überwurf, Stuhlbeine lassen sich mit Plastik oder Alufolie umwickeln. Hartnäckig angewetzte Stellen können Sie mit Klebefolie präparieren, wobei die Klebeseite nach außen zeigt. Minzöl, Toilettenwasser oder Essig hal-

„Gib mir mein Spielzeug!“

Auf Gewalt und Strafe reagieren Katzen nur mit Angst und Verhaltensstörungen.

ten die Katze auch von Stellen fern, die sich schlecht abdecken lassen.

Verbote durchsetzen

Einmal erlaubt – immer erlaubt. So sieht es die Katze, egal was es ist. Wehren Sie den Anfängen konsequent und ohne Mitleid. Denn letzteres torpediert Ihre Erziehung mehr, als Sie ahnen: Die Katze spürt, daß Sie etwas eigentlich erlauben möchten. Dazu gehören beispielsweise das Schlafen im Bett, das Füttern vom Tisch, ein Freilaufverbot. Auch nächtliche Unruhe provozieren Sie, wenn Sie auch nur einmal aufstehen, um zu füttern. Stehen Sie hinter Ihren Wünschen, und bleiben Sie hart, wenn die Katze Sie zu „überreden" versucht. Wenn Sie nun den Eindruck haben, daß Sie sich erst einmal selbst „erziehen" müssen, haben Sie vermutlich recht. Katzen akzeptieren Verbote, man muß nur selbst dahinterstehen. So viel Konsequenz fällt uns leider oft recht schwer.

Zerstört eine Katze Gegenstände, langweilt sie sich meistens nur. Bieten Sie ihr Ersatzdinge an, und spielen Sie viel zusammen.

Autofahrten

Kennel auf, Katze rein, Klappe zu. So einfach sieht es aus, eine Katze im Auto mitzunehmen, zumindest auf Kurzstrecken. So einfach ist es aber leider nicht immer. Das Tier sitzt völlig verstört, miaut schrecklich, erbricht sich, bekommt Durchfall und ist am Ziel halbtot vor Angst. Damit Ihnen das nicht passiert, sollten Sie Ihrer Katze „Fahrstunden" geben. Um sie zu beruhigen, kann man ihr zuvor Notfall-Bach-Blüten geben. Dann geht es zuerst nur eine kurze Strecke auf Tour, später üben Sie längere Fahrten. Die ersten Versuche sollten immer ein „Happy-End" haben, also nicht beim Tierarzt enden. Sonst verknüpft die Katze unwiderruflich die Autofahrten mit einer Tierarztbehandlung. Für kommende Fahrten oder gar eine Urlaubsreise ist das der denkbar schlechteste Start. Und vergessen Sie bitte nicht, den Transportkennel im Auto mit dem Sicherheitsgurt anzuschnallen.

Problemsituationen

Manchmal können Sie schon im voraus erahnen, wann eine Katze in eine für Sie schwierige Situation kommt. Mit guter Planung und Vorbereitung meistern Sie Krisen besser, als wenn Sie die Dinge einfach auf sich und die Katze zukommen lassen und anschließend versuchen, zu retten, was zu retten ist. Wenn dann überhaupt noch etwas zu ändern ist...

Umzug

Psychisch gesunde Wohnungskatzen gewöhnen sich nahezu problemlos an eine neue Umgebung. Freilaufkatzen gelingt es auch, sofern sie künftig nicht auf die Natur verzichten müssen. Während des Umzugs ist es ratsam, die Katze für die Zeit des Möbeltransports bei Bekannten in Pflege zu geben. Das Einpacken des Hausrats in Kisten finden manche Katzen spannend.

Langweilen sich Katzen, zerfleddern sie, was ihnen in die Quere kommt. Bieten Sie daher immer viele Spielsachen an.

Die Wildnis ruft – „Freigeister" gewöhnen sich nur schwer ans reine Wohnungsleben.

Sie verstecken sich gern in Kartons und „packen mit ein". Reagiert die Katze neugierig und nicht verstört, gönnen Sie ihr ein wenig Schachtelteufelei. Aber packen Sie sie nicht aus Versehen mit ein! Achten Sie immer darauf, wo sie sich befindet. Und wenn das Packen zu hektisch ist, quartieren Sie die Katze lieber ins Nebenzimmer aus. Reagiert sie verstört, ist es besser, sie frühzeitig einem Sitter anzuvertrauen.

Im neuen Zuhause sollte das Katzenzubehör wieder an ähnlicher Stelle stehen wie zuvor, also zum Beispiel das Katzenklo im Bad, die Näpfe in der Küche, der Kratzbaum im Wohnzimmer, das Schlafkörbchen im Schlafzimmer. Die Katze findet sich dann schneller zurecht als bei einer völlig neuen Anordnung. Eine Freilaufkatze wird sicherlich schon am ersten oder zweiten Tag nach draußen drängen. Zögern Sie den Sprung in die Freiheit möglichst lange hinaus. Bleiben Sie zunächst dabei, und holen Sie das Tier nach kurzem Erkundungsgang wieder herein. Darf die Katze aber nicht mehr hinaus, wird sie mit ziemlicher Sicherheit protestieren und eine regelrechte Randale in der Wohnung veranstalten. Sie können ihr die Umgewöhnung erleichtern, indem Sie viele Klettermöglichkeiten und jede Menge Natur anbieten. Wenn es geht, schaffen Sie auch einen Ausguck an frischer Luft, einem gesicherten Fenster, Balkon oder einer Terrasse. Spielen Sie täglich mit ihr, und bieten Sie regelmäßig neue Spielsachen an, bevorzugt aus der Natur, etwa Kastanien, Tannenzapfen, Kletterzweige oder eine Schachtel frisches Heu. Eines soll aber nicht verschwiegen werden: Viele eingefleischte Freiläufer gewöhnen sich nicht mehr ans Wohnungsleben. Für sie ist es besser, einen neuen Platz auf dem Land zu suchen. Manchmal kehren Freilaufkatzen auch in die frühere Umgebung zurück. Liegen die beiden Wohnorte mehr als fünf Kilometer auseinander, gelingt dies der Katze kaum. Bei kürzerer Distanz kann sie sich an Geräuschen orientieren. Sollte Ihre Mieze nach dem Umzug plötzlich verschwunden sein, suchen Sie in der früheren Umgebung nach ihr, lassen Sie sie dann ein paar Tage nicht mehr hinaus, und wenn, dann nur unter Aufsicht.

Der Hund: Freund oder Feind?

Ob diese zwei sich wie Hund und Katz benehmen oder dicke Freunde werden, läßt sich nicht mit Sicherheit vorhersagen. Es hängt ganz von der Situation und der Konstellation ab. Am günstigsten ist es, Hund und Katze gemeinsam als Jungtiere zu sich zu holen. Daraus entwickelt sich praktisch immer eine dicke Freundschaft. Ist eines der Tiere bereits erwachsen, wird es ein Jungtier der anderen Art leichter akzeptieren, wenn es schon Vorerfahrungen hat. Kommt ein Hunde- oder Katzenkind zu einem Gegenpart, der noch keinerlei Erfahrung damit hat, kann es problematisch werden. Besser ist es, wenn eine Katze einen Welpen akzeptieren muß. Der Welpe ist noch anpassungsfähig und von seiner Mutter durchaus ein paar „Unfreundlichkeiten" gewöhnt. Er wird sich dem kratzbürstigen Empfangskomitee anpassen. Ein Kätzchen zu einem erwachsenen Hund zu holen, ist die gefährlichste Variante. Denn Hunde sehen Katzen nun einmal als jagbare Beute an. Im eigenen Zuhause aber gelten andere Gesetze

als im Revier draußen. So kann der Rudelführer (und hoffentlich sind Sie als Mensch der Boß) dem Hund mit Geduld die Katze als neues Rudelmitglied unterschieben, sofern es ihm gelingt, keine Eifersucht zu schüren. Manchmal klappt das so gut, daß der Hund das Kätzchen regelrecht adoptiert. Am schwierigsten ist die Hund-Katze-Beziehung bei zweien, die sich erst als erwachsene Tiere kennenlernen. Hier muß man meist schon zufrieden sein, wenn die beiden Waffenstillstand schließen.

Wenn ein Baby kommt

Nachwuchs in der Familie kann bei der Katze zu totaler Frustration führen, was wir Menschen als Eifersucht ansehen. Lassen Sie es gar nicht erst so weit kommen. Der Frust wird nicht durch das Baby direkt ausgelöst, sondern durch den plötzlichen und manchmal totalen Verlust an liebevoller Zuwendung von seiten der Hauptbezugsperson

der Katze. Hinzu kommt, daß die Mieze manchmal sogar ausgesperrt oder hysterisch angebrüllt wird, wenn sie dem neuen Wesen nur nahe kommt. Das verunsichert und frustriert sie natürlich.

Da eine junge Mutter aber verständlicherweise noch ein paar andere Sorgen hat als die Psyche ihrer Katze, sollte sie schon während der Schwangerschaft dafür sorgen, daß die Katzenpflege, auch Spielen und Streicheln, soweit es geht, vom Mann oder älteren Kindern übernommen wird. Schenkt sie später der Katze schließlich ganz gezielt ein wenig Schmusezeit, wenn das Baby schläft, und macht sie das Tier behutsam von Anfang an mit dem Baby bekannt, entsteht erst gar keine Eifersucht.

Rettung vom Baum

Da sitzt sie nun, ein Bild des Jammers, hoch auf einem Baum, verkrochen bis ins dünnste Gezweig und traut sich nicht mehr herunter. Sie hat Angst, herunterzukommen, das ist klar. Aber was macht ihr wirklich Angst: die Höhe oder der Rummel unterhalb des Baumes? Meistens ist es letzteres. Deshalb sorgen Sie dafür, daß alle Leute und Hunde aus der Nähe verschwinden, und warten Sie ab, ohne zu rufen und zu locken. Spätestens bei Dunkelheit klettert die Katze von selbst vom Baum. Kommt sie nicht, holen Sie den Unglücksraben per Leiter. Ist die Hilfe von der Feuerwehr oder dem Technischen Hilfswerk nötig, fragen Sie vorher, wieviel Sie das kosten wird. Eine lange Leiter kann man sich manchmal auch nur ausleihen.

Katzen wecken manchmal Muttergefühle bei Hündinnen.

Verschwunden, was tun?

Ist das Tier in Panik davongelaufen, gilt auch hier: Werden Sie andere Menschen los, warten Sie auf die Dunkelheit, und locken Sie dann Ihre Katze ganz ruhig aus dem Versteck. Ist sie entlaufen, informieren Sie das Tierheim und die Tierärzte, inserieren Sie in der örtlichen Zeitung, hängen Sie einen Steckbrief in der Umgebung und an Geschäften aus. Durchsuchen Sie jeden Winkel Ihrer Wohnung. Sprechen Sie die Nachbarn an, und bitten Sie diese, in Garagen, Kellern, Speichern oder selten genutzten Räumen nach Ihrer Katze zu suchen. Oft ist die Katze nämlich nur irgendwo eingesperrt.

Kosmos-Service

Hallo Kids!

Diese Kästen sind für Euch! Hier findet Ihr interessante Infos rund um die Katze. Auf Seite 82 könnt Ihr testen, welcher Spieltyp Eure Katze ist, und auf Seite 98 findet Ihr Spiele, die Eurem Stubentiger – und Euch – bestimmt viel Spaß machen werden. Wie Katzen „den Dreh raus" haben zeigt Euch Seite 9, und wie Ihr Eurem Liebling weitere Kunststücke beibringen könnt, findet Ihr auf Seite 87. Damit Ihr Eure Mieze richtig versteht, lest die Kästen auf den Seiten 51, 101 und 109. Wo Ihr noch viel mehr über die Samtpfoten erfahren könnt – Gedichte, Geschichten, „Katzenmusik" – sagen Euch die Seiten 10 und 11.
Viel Spaß!

Zum Weiterlesen

Allgemeine Katzenbücher

Grimm, Hannelore: So fühlt sich meine Katze wohl. Kosmos 2002
Grimm, Hannelore: Glückliche Wohnungskatzen. Kosmos 2002
Grimm, Hannelore: Ein Kätzchen kommt ins Haus. Kosmos 2002
Metz, Gabriele: So verwöhne ich meine Katze. Kosmos 2003
Turner, Dennis C.: Katzen. Kosmos 2004

Gesundheit

Becvar, Dr. med. vet. Wolfgang: Naturheilkunde für Katzen. Kosmos 2004
Brixner, Saskia: Gesundheit und Fitness für Katzen. Kosmos 1999
Kraa, Gisela: Bach-Blüten für Katzen. Kosmos 2002
Laukner, Anna: Wenn meine Katze krank ist. Kosmos 2003
Mahkorn, Medea-Rachel: Erste Hilfe für meine Katze. Kosmos 2002
Tellington-Jones, Linda & Taylor, Sybil: Der neue Weg im Umgang mit Tieren. Kosmos 1993
Tellington-Jones, Linda: TTouch für Katzen. Kosmos 2003

Ernährung

Delmonte, Patti: Muffins Miau. Kosmos 2002

Verhalten & Erziehung

Bohnenkamp/Jones: Was Katzen wirklich brauchen. Kosmos 2004
Faustmann, Ingo: Katzensprache verstehen. Kosmos 1999
Lauer, Isabella: Wenn Katzen reden könnten. Kosmos 2003
Johnson, Pam: Katzen auf der Couch. Kosmos 1998

Spiel & Spaß

Theilig, Harald: Mit Katzen spielen und lernen. Kosmos 1998

Für Kids

Hensel, Wolfgang: Deine Katze. Kosmos 2001
Whitehead, Sarah: Das Katzenbuch für Kids. Kosmos 2002

Geschenkbände

Metz, Gabriele: Katzen. Buch und CD-ROM. Kosmos 2002

Zeitschriften

Geliebte Katze. Gong-Verlag, Nürnberg.
Katzen extra. Symposion-Verlag, Sulzbach.
Ein Herz für Tiere. Gong-Verlag, Nürnberg.
Our Cats. Minerva-Verlag, Viersen.
Katzen-Magazin. Roro-Press-Verlag, CH-Dietlikon.

Internet

Katzen-Infothek:
www.olfie.de
Tierärzteverband:
www.tieraerzteverband.de

Wichtige Adressen

Verbände

1. Deutscher Edelkatzenzüchterverband e.V. (DEKZV)
Berliner Str. 13
36512 Asslar
www.dkzv.de

Deutsche Edelkatze e.V.
Geisbergstr. 2
45139 Essen
www.deutsche-edelkatze.de

Deutsche Rassekatzen Union e.V.
Hauptstr. 56
56814 Landkern
www.dru.de

Deutscher Rassekatzen-Verein e.V.
Werftstr. 4
10557 Berlin

Felina e.V.
Unabhängige Gemeinschaft der Katzenfreunde
Gundelfinger Str. 51
10318 Berlin

Süddeutscher Rassekatzen-Verband e.V. (SDRV)
Fallrohrstr. 30
90480 Nürnberg
www.sdrv.de

Royal-Cat-Club (EURO GUS)
Harnackstr. 49
44139 Dortmund

Verband Deutscher Katzenfreunde e.V.
Postfach 80 11 05
51011 Köln

Verein Deutscher Katzenfreunde e.V.
Silberberg 11
22119 Hamburg

Verbände in Österreich und der Schweiz

Katzenunion Österreich
Schönbrunner Str. 33
A-1052 Wien

Klub der Katzenfreunde Österreichs (KKÖ)
Castellezgasse 8/1
A-1020 Wien
www.kkoe.co.at

Österreichischer Verband für die Zucht und Haltung von Edelkatzen (ÖVEK/FIFé)
Liechtensteinstr. 126
A-1090 Wien
www.oevek.at

Féderation Féline Helvétique (FFH/FIFé)
Solothumer Str. 24
CH-4053 Basel
www.ffh.ch

Tierschutzvereine

Deutscher Tierschutzbund e.V.
Baumschulallee 15
53115 Bonn

Bund gegen den Mißbrauch der Tiere
Viktor-Scheffer-Str. 15
80803 München

Humaner Tierschutz e.V.
Posfach 50 02 01
44872 Bochum

Pro Animale – für Tiere in Not
Haus am Hügel
96231 Staffelstein-Ützing

Schweizer Tierschutzbund e.V.
Dornacherstr. 101
CH-4008 Basel

Zentralverband Österreichischer Tierschutzvereine
Khleslplatz 6
A-1120 Wien

Tierpensionen & Cat-Sitter

„Nimmst Du mein Tier, nehm' ich Dein Tier"
Deutscher Tierschutzbund e.V.
Baumschulallee 15
53115 Bonn

Vereinigung Deutscher Haushüter-Agenturen
Feldkamp 4
48165 Münster

Cat-Sitter-Clubs
Kontakt über den Verein
Deutscher Katzenfreunde e.V.
Silberberg 11
22119 Hamburg

Gesundheit

Bundes-Tierärztekammer
Oxfordstr. 19
53111 Bonn

Deutsche Gesellschaft der Tierheilpraktiker
Husemannstr. 25-27
45879 Gelsenkirchen

Tierfriedhöfe

Informationen über
Humaner Tierschutz e.V.
Postfach 50 02 01
44872 Bochum

Informationen auch über
die örtlichen Tierschutzverbände

Register

Danksagung

Die Autorin und der Verlag danken Frau Dr. med. vet. Barbara Rakow und Herrn Dr. med. vet. Jürgen Bartz für die Fachberatung für das Kapitel „Natürlich gesund". Herzlichen Dank an unsere Kosmos-Experten Frau Gisela Kraa, Frau Dr. med. vet. Barbara Rakow und Frau Linda Tellington-Jones.

Bildnachweis

Mit 147 Farbfotos von: Aichele (S. 67o), Angermayer (20, 94, 95, 109), Grimm (S. 48, 49), IPO (S. 44, 98, 99, 114), Juniors (vordere Außenklappe 2. von o und 2. von u, S. 1, 2, 4, 5, 7, 10, 13u, 16,17, 21, 22, 25u, 29, 30o, 30u, 31, 32, 33, 37, 38o, 40, 41, 42, 43o, 43u, 45, 46, 47, 54, 61, 65, 83, 87, 88, 90, 91, 96, 103, 107, 111, 118, 120, hintere Umschlagklappe), Krieg (S. 67m), Kuczka (S. 18, 25o, 97), Lauer (hintere Außenklappe), Laux (S. 66m, 66u), Layer (S. 19, 28), Lenz (S. 56, 76, 85u, 86, 102, 123, 125), Reinhard (vordere Außenklappe o, S. 6, 13o, 15, 23o, 23u, 24, 55, 100li, 100re, 78, 79), Roppelt (S. 66u, 69o,), Schanz (vordere Außenklappe u, S. 8, 14, 38u, 53, 59, 60, 104, 108, 110), Schatter (S. 82, 84, 85o, 89), Skogstad (S. 1, 34, 50, 58, 113), Sock (S. 12, 26, 36, 51, 52, 66o, 67u, 80, 92, 101, 105, 106, 112, 115, 116, 117, 127), Stuewer (vordere Außenklappe m, hintere Umschlagklappe r, mo, mu)

Mit 1 Farb- und 8 Sw-Illustrationen von Milada Krautmann (S. 9, 62, 63, 74, 75); mit 4 Farb- und 4 Sw-Illustrationen von Marianne Golte-Bechtle (vordere Umschlagklappe)

Die 4 Zeichnungen S. 72, 73 stammen aus dem Kosmos-Buch: „Der neue Weg im Umgang mit Tieren".

Tierpass für meine Katze

Name

Geb-Dat. Geschlecht

gekauft am / bei

Rasse

Farbe

bes. Merkmale

Impfungen

Erkrankungen

Wichtige Adressen

Züchter

Tierarzt

Verein

Notdienst

Extra

Vor dem Tierarztbesuch

Auf diese Fragen sollten Sie eine Antwort haben

Körpertemperatur

Fieber messen! ________ °C

Verhaltensauffälligkeiten:

Seit wann? ________

Welche Ausprägung (z. B. teilnahmslos, aggressiv, nervös, schläft viel etc.)?

____

Bewegungsstörungen (z. B. Zittern, Taumeln, Hinken, Einknicken, Bein hinterherziehen, schiefe Kopfhaltung)?

____

Freß- und Trinkverhalten

Appetit: unverändert, vermehrt, vermindert, appetitlos, wann das letzte Mal gefressen?

____

Art der Futteraufnahme: widerwillig, heißhungrig, vorsichtig?

____

Durst: unverändert, vermehrt, vermindert, gar nicht, großer Durst, ohne trinken zu können,wann das letzte Mal getrunken?

____

Art des Trinken: widerwillig, vorsichtig?

____

Erbrechen

Seit wann? ________

Wann zuletzt?

____

Wie häufig? ________

Unabhängig von der Futteraufnahme oder direkt nach dem Fressen oder Stunden später?

____

Beschaffenheit des Erbrochenen (Haare, Blut, Schleim, Gallenflüssigkeit, unverdaute bzw. verdaute Futterreste)?

____

Geruch des Erbrochenen?

____

Frißt sie trotz Erbrechen?

____

Urin

Wie häufig? ________

Wann das letzte Mal?

____

Wieviel (vermehrt, vermindert)?

____

Urinbeschaffenheit (konzentriert, wässrig)?

____

Blut im Urin? ________

Urinprobe mitnehmen!

Kot

Wie häufig? ________

Wann das letzte Mal?

____

Schwierigkeiten beim Kotabsetzen? ________

Kotbeschaffenheit?

____

Blutiger oder verschleimter Kot?

____

Würmer im Kot? ________

Frische Kotprobe mitnehmen!

Sonstiges

Gibt es Veränderungen im unmittelbaren Umfeld der Katze (Umzug, Baby, neue Haustiere, Verlust der Bezugsperson)?

____

War die Katze längere Zeit verschwunden (bei Freilaufkatzen)? ________

War die Katze in einer Tierpension, Tierheim oder auf Reisen (Ansteckuungsherde)?

____

Andere Krankheitssymptome (Niesen, Husten, Speicheln, Hautrötungen, Haarausfall etc.)

____

Impressum

Umschlaggestaltung von eStudio Calamar unter Verwendung von 3 Farbaufnahmen von Juniors/Steimer (U1), Juniors/Schanz (U4/Rücken)

Mit 147 Farbfotos, 12 Schwarzweißillustrationen und 5 Farbzeichnungen

Bibliographische Information der Deutschen Bibliothek
Die Deutsche Bibliothek verzeichnet diese Publikation in der Deutschen Nationalbibliographie; detaillierte bibliographische Daten sind im Internet über http://dnb.ddb.de abrufbar.

2. Auflage

ISBN: 3-440-09699-8
Lektorat: Ute-Kristin Schmalfuß
Bildredaktion: Ute-Kristin Schmalfuß, Sandra Frins
Grundlayout: Atelier Reichert, Stuttgart
Gestaltung: Gisela Dürr, München
Printed in Germany/Imprimé en Allemagne

Bitte beachten

Alle Angaben in diesem Buch sind sorgfältig geprüft und geben den neuesten Wissensstand bei der Veröffentlichung wieder. Da sich das Wissen aber laufend weiterentwickelt und vergrößert, muß jeder Anwender selbst prüfen, ob die Angaben nicht durch neuere Erkenntnisse überholt sind. Dazu muß er z. B. bei Behandlungsvorschlägen den Tierarzt konsultieren, Beipackzettel zu Medikamenten lesen, Gebrauchsanweisungen und Gesetze befolgen.

Kleines Katzenlexikon

Augenfarben

Die meisten Hauskatzen haben grüne oder grünbraune Augen. Bei Zuchttieren kommen auch blaue, braune und gelbe Augen vor, die je nach Leuchtkraft als Bernstein, Kupfer oder Gold bezeichnet werden. Blaue Augen sind die Regel bei Tieren mit Maskenfaktor, also allen, die Siamgene in sich tragen. Häufig haben weiße Katzen blaue Augen. Trägt eine Katze ein blaues und ein gelbes Augen, nennt man sie „odd-eyed".

Charakter

Katzen sind Individualisten, und das spätere Wesen eines Jungtieres läßt sich nur schwer vorhersagen. Eine wesentliche Prägung auf bestimmte Lebensumstände erfährt die Mieze während der sensiblen Phase in der 3. bis 7. Lebenswoche. Aus diesem Grundmuster und rassebedingten Anlagen formen vor allem die Erfahrungen im ersten Jahr das dauerhafte Verhalten einer Katze.

Flehmen

Katzen können im Maul Geruchsstoffe wahrnehmen. Dies wird als Flehmen bezeichnet. Dazu zieht das Tier die Oberlippe hoch und läßt die Luft einströmen. Dabei hat es einen merkwürdigen Gesichtsausdruck.

Geschlechtsreife

Die Geschlechtsreife tritt ein, wenn die Eierstöcke der Kätzin befruchtungsfähige Eier produzieren bzw. ein junger Kater reife Samenzellen bildet. Bei der Kätzin geschieht dies, wenn sie etwa ein halbes Jahr alt ist, beim Kater mit ca. 9 Monaten.

Hauskatzen

Mindestens 80 Prozent aller Katzen sind Hauskatzen, in ländlichen Gegenden sind es sogar eher 90 Prozent, wobei der Typ der bodenständigen Bauernkatze durch die Vermischung mit Rassekatzen immer seltener gesehen wird. Die moderne Hauskatze ist heute schlanker und langbeiniger.

Kastration

Bei der Kastration werden die Keimdrüsen entfernt, bei der Katze die Eierstöcke, beim Kater die Hoden. Damit wird das Tier nicht nur unfruchtbar, auch der Hormonspiegel sinkt. Eine Katze wird damit ausgeglichener und zeigt weniger Dominanz- und Revierverhalten.

Laute

Miauen und Schnurren sind die bekanntesten, aber nicht die einzigen Laute, die eine Katze hören läßt. Ihr Repertoire bei lautstarken Auseinandersetzungen umfaßt eine breite Palette von Schreien, Kreischen, Jaulen, Knurren, Fauchen, Spucken, Grollen und Drohen. Das Liebesspiel hat wieder eigene Laute, ebenso das Beutefangen, und sogar der Umgang mit dem Menschen.

Markieren

Potente Katzen und Kater markieren ihr Streifgebiet, um das Gegen-